一个高效能人士

的

自我修养

易阎◎著

台海出版社

图书在版编目(CIP)数据

一个高效能人士的自我修养 / 易闯著. -- 北京：
台海出版社, 2017.7

ISBN 978-7-5168-1457-4

Ⅰ.①一… Ⅱ.①易… Ⅲ.①成功心理-通俗读物
Ⅳ.①B848.4-49

中国版本图书馆 CIP 数据核字(2017)第 144779号

一个高效能人士的自我修养

著　者:易　闯

责任编辑:王　品　贾凤华

装帧设计:芒　果　　　　　版式设计:通联图文

责任校对:王　杰　　　　　责任印制:蔡　旭

出版发行:台海出版社

地　址:北京市东城区景山东街 20 号　　邮政编码:100009

电　话:010-64041652(发行,邮购)

传　真:010-84045799(总编室)

网　址:www.taimeng.org.cn/thcbs/default.htm

E-mail:thcbs@126.com

经　销:全国各地新华书店

印　刷:北京鑫瑞兴印刷有限公司

本书如有破损、缺页、装订错误,请与本社联系调换

开　本:710mm×1000 mm　　　　1/16

字　数:190 千字　　　　　　印　张:16.5

版　次:2017 年 8 月第 1 版　　印　次:2017 年 8 月第 1 次印刷

书　号:ISBN 978-7-5168-1457-4

定　价:38.00 元

前言

1

高效能，已经成为衡量我们生存能力的一项基本指标，是我们心智成熟与否的表现，并决定我们未来的走向及可能取得的成就。

现在人说话做事都讲究效率，但对高效能的探讨，很多人仅止于琐碎的办公技巧及时间管理，而没有触及核心——自我修养。

每一个高效能人士，都有着良好的习惯，而这些良好的习惯是由良好的心态所决定的，这两者结合起来就是一种优秀的自我修养。

归根结底，要成为高效能人士，必须进一步地认清自己，学会与自己的内心讲和，要学习高效能人士的修养，像他们一样，懂得整理工作、调整心态、直面生活的重要性，你的个人效率才会大大提升，你才能从根源上提升自己的效能。

2

首先，设立有效目标，并有计划地向着目标努力，你便能更加精力充沛地投入工作。

其次，对症下药，甩掉拖延的"长尾巴"："我想休息一会儿，晚点再做。""还是尽早完成吧，时间不够了。""左边还是右边？好难选择。""怎么做，才能更好地达到要求？"不要用类似这样的心理暗示，养成用行为的拖延作为缓冲，来抵御失败与责备之痛的习惯。

其实你我做一件工作不可避免地会出现差错。只要差错是在允许的范围之内且并不会对结果造成影响，那我们就不必在意。当然，若结果不如人意，你就必须学会很重要的一课——情绪管理，怎么样让自己的情绪快速好转？要做一个合格的高效能人士，这一课是必不可少的。

再次，学会一些高效运用时间的规则，能够让自己逃离忙乱的境况。记住一些能够有效提升时间管理效率的方法，你与你所在的组织都可以获得新的发展。找出那些妨碍到你提高办公效率的事情，并一一将它们克服，你的工作状态会变得更好。

最后还要提醒你，高效能不等于"忙"，更不是"看上去很忙"，老板并不喜欢你顶着黑眼圈加班，不要把工作带到床上——那只是个睡觉的地方。熬夜、瞎忙都该戒了，有时候，你必须停一停脚步，放松自己，才能更快更好地奔跑。

3

本书主要通过总结高效能成功人士的思维方式、工作方法、人际关系等方面，通过深刻的理论探讨，并结合大量案例说明，有针对性地培养读者养成具有成功潜质的各种好习惯，帮助读者重塑自我，迅速提高工作效率和个人能力。

每个清晨都是新的一天，学会管理自己是成为高效能人士的必经之路，一切都由你来决定。做个高效能人士，你可以！

目录

第一章
目标孕育效能，你为什么而奋斗

1. 在人生三岔路口，盯住终身目标

对于没有目标的人来说，岁月的流逝只意味着年龄的增长，平庸的他们只能日复一日地重复自己。而对于目标清晰的人来说，人生就是一场大胆前行、风景无限好的美妙旅途。

有句广告词说得好："心有多大，舞台就有多大。"这就是目标的力量。明确自己的奋斗目标是迈向成功的第一步。不少人终生都像梦游者一样，漫无目标地生活。他们每天都按熟悉的"老一套"过着，从来不问自己："我这一生要干什么？"他们对自己的作为不甚了解，因为他们缺少目标。

高效能人士迈出的第一步，就是找到自己的目标。

比赛尔是西撒哈拉沙漠中的旅游胜地，每年吸引了大批的观光客，大幅度地带动了当地经济的增长。但是很久以前，它只是一个只能进、不易出的贫瘠地方。因为在一望无际的沙漠里，人很容易迷路。一个人如果凭着感觉往前走，他只会走出许多大小不一的圆圈，最后的足迹十有八九是一把卷尺的形状。以前人们没有认识到这一点，所以很少有人能走出去过。

后来，一位青年出现了，他发现比赛尔四处都是沙子，一点儿可以参照的东西都没有，于是，他找到了北斗星，他一直朝着北斗星的方向走，终于成功地走出了大漠。于是这位青年人成了比赛尔的开拓者，他的铜像被竖在小城的中央。铜像的底座上刻着一行字：新生活是从选定方向开始的。

"新生活是从选定方向开始的"。你的生活目标选定了吗？你生活中的北斗星在哪里？如果你还没确定，那就请及早选择吧。

有句俗话："三百六十行，行行出状元"，工、农、商、学、兵，各大行业类别中，你确定的人生核心目标是什么呢？

曾经有个男孩，父亲是普通的马术师，家里过着略显贫寒的生活。某天的作文课上，老师让学生们描绘自己的理想。这个男孩洋洋洒洒写了七张纸，他说自己想拥有一座牧马农场，他甚至仔细画出了一张200亩农场的设计图，上面标有马厩、跑道等的位置，然后在这一大片农场中央，还要建造一栋占地400平方英尺的巨宅。

作文交上去之后，老师不但没有表扬他，还给了他不及格，非常严厉地批评男孩说："你年纪轻轻，不要老做白日梦。你没钱，盖座农场可是个花钱的大工程，你要花钱买地、花钱买纯种马匹、花钱照顾它们。如果你肯重写一个比较不离谱的理想，我会给你打更高的分数。"

这男孩回家后反复思量了好几天，最后他决定原稿交回，一个字都不改，他告诉老师："就算不及格，我也不愿放弃理想。"

二十多年以后，这个男孩真的实现了当初的梦想，他拥有了自己的牧马农场，养了无数匹好马、名马，还住上了豪华的别墅。他把那位曾经泼冷水的老师请到他的大农场里做客，老师不得不为自己当年的言行道歉，而这个曾经爱"幻想"的男孩、今日的农场主说，他之所以有这样的成就，就是因为他一直锁定儿时的理想，从未放弃。

小男孩以他的亲身经历证明，目标决定行动，行动实现目标！他没有地位显赫的双亲，没有家财万贯的资本，但是他要改变这一切！这个目标支持着他奋斗二十年，直到愿望实现。他与其他那些平庸的同学相比，多的就是远大的目标和实现目标的勇气！

一个想成功的人，光把"成功"两个抽象的字符当成目标可不行。高效能人士会把它形象化、具体化。有了目标的种子才可以孕育出一大片"成功"的森林。一旦锁定了你的目标，就要为它辛勤地播种、施肥，待它开花、结果，早日实现。

自 我 提 升

高效能人士认为：确立人生目标要尽早。年轻的时候一定要有自立、自强的意识，一定要使自己充满成功、拼搏的欲望。只有那些不满足现状的人，才能获得真正的成功。

2. 把大梦想切割成小目标，一点不累

每个人都希望梦想成真，然而梦想似乎有点儿遥不可及——那是因为梦想太过遥远。要把大的梦想变为一个个阶段性的小目标，逐步实现。

人有了目标，就有了前进的动力，但是在追求目标的路途中，大多数人会有力不从心的感觉——目标太过遥远，不知从何下手，不知道先走哪一步。为了解决这个问题，我们可以在马拉松运动员身上受到启发。

1984年，东京举行了国际马拉松邀请赛。比赛中大牌云集，人们纷纷猜测到底花落谁家。不料，最终得冠的是一位名不见经传的日本选手山田本一。当记者问他如何取得如此惊人的成绩时，他说了这么一句话："凭智慧战胜对手。"

当时许多人都认为这个偶然跑到前面的矮个子选手是在故弄玄虚。马拉松赛是体力和耐力的运动，需要良好的身体素质和出众的毅力，还没听说可以靠智慧取胜的。然而，记者并没有对山田本一的话进行深挖。

两年后，意大利国际马拉松邀请赛在意大利北部城市米兰举行，山田本一代表日本参加比赛。这一次，他又获得了世界冠军，在问及他取胜的原因时，山田本一回答的仍是上次那句话："用智慧战胜对手。"人们对他所谓的"智慧"迷惑不解。

十年后，山田本一的自传出版，他获胜的谜团才得以解开。他在自传中说："每次比赛之前，我都要乘车把比赛的线路仔细地看一遍，并把沿途比较醒目的标志画下来，比如第一个标志是银行；第二个标志是一棵大树；第三个标志是一座红房子这样一直画到赛程的终点。比赛开始后，我就以百米赛跑的速度奋力地向第一个目标冲去，等到达第一个目标后，我

又以同样的速度向第二个目标冲去。四十多公里的赛程，就被我分解成这么几十个小目标轻松地跑完了。"

人生的奋斗跟马拉松赛场上的奋斗如出一辙。你设定的"人生目标"就是马拉松全部赛程的目标，它太遥远，追求起来也太累，而且路上会有很多未知的困难。万一扛不住，就会产生放弃的念头。假如你换个思路，把大目标分散成若干小目标，阶段性地完成这场"比赛"，过程就会轻松许多。

很多高效能人士的成功目标就是用一个一个的目标阶梯搭就的。

日籍韩裔富豪孙正义19岁的时候曾做过一个50年生涯规划：二十多岁时，要向所投身的行业，宣布自己的存在；三十多岁时，要有一亿美元的种子资金，足够做一件大事情；四十多岁时，要选一个非常重要的行业，然后把重点都放在这个行业上，并在这个行业中取得第一，公司拥有10亿美元以上的资产用于投资，整个集团拥有1000家以上的公司；50岁时，完成自己的事业，公司营业额超过100亿美元；60岁时，把事业传给下一代，自己回归家庭，颐养天年。

现在看来，孙正义正在逐步实现着他的计划，从一个弹子房小老板的儿子到今天闻名世界的大富豪，孙正义只用了短短的十几年时间。

要使目标能够实现，就必须将目标分解量化为具体的行动计划，使自己知道不同阶段应该做什么，使目标有现实的行动基础。

自我提升

高效能人士建议，把大目标分割成一个个小目标，然后朝着最容易实现的那个目标先努力。有了这样的规划，你在成功的道路上就可以少走很多弯路。

3. 为什么你制定了目标却仍然失败

我们是否总能制定一个伟大的并且能持续坚持的目标？为什么你制定了目标却仍然失败？也许失败已经让你觉得设定目标毫无用处，可是真的如此吗？

你有静下来想想为什么你制定的目标会失败吗？

德州石油巨富亨特，从一个濒临破产的棉农成为一个亿万富翁。当有人向他询问，有什么建议可以给那些想在财务方面取得成功的人们时，他说："首先，你必须确切地决定你想实现什么。大多数人在一生中都不曾这样做过。其次，你必须确定自己为此要付出什么代价，并决心付出。"

所以说，清楚的目标和目的是任何事业成功的根本，很多人认为，一旦他们有了方向，就等于有了目标。但高效能人士眼里的目标是一种明确地、清晰地定义了的可测量的陈述。

目标的一个重要方面就是，它们必须是以二元定义的。在任何时刻，如果问你是否达成了你的目标，你必须能够给出一个确定的"是"或"否"的回答，"可能"不能成为选项。

关于清晰的目标的一个例子就是：你今年六月份的总收入是三万元或更多？

这是你可以计算清楚的，然后在月底，你就能对是否达成了目标给出确切的"是"或"否"的答案。

设定目标时应尽可能细节化。定下明确的数字、日期和时间，确保每个目标都是可测量的。要么你达成了，要么没达成。定义你的目标，就好像你已知道将会发生什么一样。

表达你的目标，就好像它们已经达成了一样。不说："我今年要存20万"，而用现在时表达："我今年存了20万。"如果你用将来时表达目标，就等于告诉自己的潜意识要把成果永远留在将来，而不是掌握在现在。

构建目标时要避免模糊不清的词语，比如"可能"、"应该"、"可以"、"会"、"也许"或"或许"之类的。这些词本身就包含着对于你是否能达成所追求的东西的怀疑。

最后，让你的目标个性化。你不能为别人设立目标，比如这样："年底会有出版商再版我的书。"而要用这样的方式来表达："我今年跟北京一家出版商签了一份在年底至少会挣5万元的合同。"

另外，高效能人士提醒，你还要避免犯以下的一些错误：

太多的长期、中期目标

你是否设定了太多的目标，并且天真地希望自己能将它们一一实现。这不是不可能，但更多的目标意味着精力的分散，特别是当你拥有太多的长期目标和中期目标时。

学习一门新技能、减肥20公斤等等，这些都需要花费几个月才可能达到目标。如果设定了太多诸如此类的大目标，你就会被到处牵着走，反而又变成没有目的性了。所以，建议你只留2至3个长期、中期目标，通过将大目标分解为若干个小目标，落实到具体的每周每天的任务上。

不明确个人的目标

你为什么要设定这个计划？达到这个计划的目标对你意味着什么？当达到目标后你会有什么感觉？如果你对这些问题都还不是很清楚，说明今年你还不是特别急切地希望达到这些目标。

一个明确的目标，即使面对艰难和挑战，你仍然急切地想要竭尽所能来达到它。所以，你需要十分透彻地明白你制定的目标对你的意义，否则，你只会很容易忘记它，并且很难会有进展。

不把它们写下来

想要记住并且开始执行自己的目标，最好的办法就是写下来！描述你的目标是什么，你要怎样达到它。如果你从来没有将目标记下来过，那现在就把你的目标写下。

将目标写下来，可以梳理你的含糊不清、条理不顺的想法。记住，明确的目标才能保证你的成功，而明确的目标不会轻松地用脑袋想想就能全部明白的。所以，花点时间，坐下来仔细写。

不能每天都看到自己的目标

人类是健忘的动物。即使你有将目标写下来，可是你还是会忘记。让自己深深记住，潜意识里不断提醒自己的最好的方法就是"重复"——让你天天都可以看到自己的目标。

你可以把自己的目标放在每天可以看到的地方，如：写在记事本里、通过电脑提醒等等。

不去定期回顾自己的目标

我想你已经知道回顾的重要性。定期回顾使你确定自己是否朝着目标前进，有没有取得预期的成功。

就像飞行员驾驶飞机时，需要定时检查和修正飞行的航线。定期回顾可以使你发现目标和计划中出现的问题，并且找出其中的解决办法。

只有自己知道目标是什么

将你的目标告诉别人，因为你需要一点压力。也许你害怕对别人做出承诺，但是将自己的目标告诉别人只会迫使你对自己的目标负责。

你很可能会感到别扭，那就告诉亲人和朋友。保证一定要完成目标，并且让他们监督你。如果你还在乎自己在他们心中的优秀形象，那就赶快执行目标吧。

得不到别人的支持

一个好汉三个帮，去取得目标不意味着你是一个独行侠。相反，你还需要家人、朋友的支持。

例如：如果你打算减肥，但是你的家人却每天吃快餐，这绝对不会对你有帮助；如果你想培养早起的习惯，室友却每天睡懒觉，你最好也把他拉进计划。向你周围的人谈谈你的目标和计划，要求他们给你提供一点支持，不管是精神上的还是物质上的。

自 我 提 升

高效能人士认为：方向与目标的区别，正如指南针所指的东北方与法国埃菲尔铁塔的最高点之间的区别。一个只不过是方向，另一个却是明确的位置。

4.高效能是智慧，不是蛮干

有人布置了一个捉火鸡的陷阱，他在一个大箱子的里面和外面撒了玉米，大箱子的门上系了一根绳子，他抓着绳子的另一端躲在一处。只要等到火鸡进入箱子，他就拉紧绳子，把门关上。一天，突然有十二只火鸡进入箱子里，还没等他回过神来，一只火鸡就溜了出来。他有点急，想把十二只火鸡全部捉住，端起猎枪就向溜出来的火鸡射击。结果，非但没有打中，箱子中的火鸡也受惊逃跑了。当然，他最后一只火鸡也没捉到。

你可能会想："这个人太胡来了，他可以先拉绳子再开枪啊，十一只没抓到就想第十二只，真是太笨了!"

在实施计划、向既定目标推进的过程中，必须时刻注意内外部环境的变化，当既定目标无法达成时应及时调整目标。当环境已经发生变化时，固执地坚守已经不合理的目标，没有任何意义。如果故事的主人公发现一下子捉到十二只是不可能的，果断触发陷阱先抓十一只，到最后就不会落得两手空空的下场了。

当然，降低目标可能是你的思维理念所不允许的，你可能更加赞同："没有条件，创造条件，也要完成目标"。可是有些时候仅靠你的力量是无法创造条件的。这时，果断地适度降低目标可能是你最好的选择。降低目标并不是要你像打了败仗的逃兵一样没有章法，而是要讲究策略。

一个樵夫上山砍柴时，不慎跌下山崖，危急之际他拉住了半山腰一根横出的树干，人吊在半空中，但崖壁光秃陡峭，无论如何也爬不回去，而下面就是崖谷。就在他不知如何是好时，一位老僧路过，给了他一个指点，说："下。"

为什么要下，就是要趁着现在还有体力能完成一个较低的目标——安全地到达崖谷。如果固守既定目标——攀上山崖，而在半空中耗尽精力，那么到最后连一线生机也没有了。

最后，你需要明白的是：正确的方向永远是成功的基石。

有两只蚂蚁想翻越一段墙，寻找墙那头的食物。一只蚂蚁来到墙脚毫不犹豫地向上爬去，可是每当它爬到大半时，就会由于劳累和疲倦而跌落下来。可是它不气馁，一次次跌下来，又迅速地调整一下自己，重新开始向上爬去。而另一只蚂蚁则是先观察了一下周围环境，然后从不远处的地方绕过墙去。很快，这只蚂蚁来到食物前，而另外一只还在不停地跌落下去又重新开始。

很多时候，成功除了勇敢和坚持不懈以外，更需要方向。如果要想取得成功就必须翻越高墙的话，那么"方向"就是寻找一条可以绕墙而过的路，而不是在墙上开辟一条新路。

有些人甚至有些企业在面对困难时，就像前一只蚂蚁一样，毫不犹豫地迎难而上。他们认为这是勇敢的表现，但事实却表明他们是在盲目蛮干。

高效能，是智慧，而不是蛮干。所以，我们必须像第二只蚂蚁那样，仔细地寻找是否有可以绕过困难的途径。如果有，我们为什么还要与困难硬碰硬呢？

我们无法预料在通向成功的路上会遇到怎样的困难与挫折，但在困难和挫折面前，我们可以用智慧为我们选择正确的方向。

自 我 提 升

高效能人士提醒：在开始一项行动之前，请先审视一下自己以及周围的环境，然后自问："这是一个好的方向吗？"只有方向正确，勇气和坚持不懈才会成为取得成功的有力武器。

5. 知道了自己的优势后，再奋斗也不迟

要做个高效能的人，首先就要找到一片属于自己的"绿洲"，也就是寻找一个突破口，而一个良好的突破口必须与自身条件与周围的环境紧密结合。

被誉为"中国保尔"的张海迪，1955年9月出生于山东济南，1960年

在幼儿园的一次文艺表演中，张海迪突然跌倒，医生反复检查后，诊断为脊髓血管瘤。10岁前她曾动过3次大手术，摘除了6块椎板，严重高位截瘫，自第二胸椎以下全部失去知觉。1970年她随父母下放至农村，由于当地农村缺医少药，农民常受病痛的折磨，为了缓解村民的痛苦，张海迪自学了针灸，为那里的村民治病。

1973年随父母迁到莘县后，张海迪曾有一段时间待业在家。在家中的她经常感到迷茫无助。

"身为残疾人，自己有没有优势？自己最大的优势又是什么？"

对于这个问题，她苦苦地思索。后来她认定自己的优势是记忆力强，多少东西一旦印入自己的脑海便会经久不忘。"对！就学外语，学习了外语，通过对世界的了解扩大我对生活的感受，将来我还可以搞翻译，提高自己的文学水平，这样一举两得，何乐而不为？"张海迪对自己有兴趣的事物进行了一番尝试和筛选，终于找到了自己的最佳突破口。

要学英语，就得有英语教材，可"文革"时，英语课本被破坏得所剩无几了。于是，张海迪就把"文革"前的旧英语课本整章整本地抄下来。她煞费苦心，自己"编"了一本奇特的英语教科书：一个厚厚的大本子，里面贴满了她平时搜集的印有英文说明的糖纸、药品说明书、袜子标签、烟盒、食品包装等。她说，读这样的"书"，学得快、记得牢。

自从高位截瘫以后，多年以来，张海迪总是以保尔·柯察金的英雄形象鼓励自己，用惊人的毅力忍受着常人难以想象的痛苦，同病魔做顽强的斗争，同时勤奋地学习，忘我地工作。她除了自学了很多知识外，还翻译了近20万字的外文著作和资料。另外，她还用自学的医药知识和针灸技术，为群众治病达1万多人次，治好了许多疑难病症，被群众誉为"80年代的新雷锋"，被团中央评为优秀共青团员。

在文学创作方面，张海迪已出版翻译《海边诊所》《丽贝在新学校》《小米勒旅行记》等作品，著有散文集《鸿雁快快飞》《向天空敞开的窗口》等，长篇小说《轮椅上的梦》已在日本、韩国出版。1992年获中国作家协会庄重文学奖。1994年获全国奋发文明进步图书奖长篇小说一等奖。1993年张海迪获吉林大学哲学硕士学位。

有了这样的成就之后，张海迪觉得虽然自己在事业上有所突破，在人生的道路上更进了一步，但还需发展、挖掘自己的优势。她认为对于所学的东西都不能浅尝辄止，一定要找到实现目标的最佳突破口，把追求的目标建立在与自己的条件、才能相当的基础上。

每一个人都有各自的优势，我们要通过全面、细致地分析把它挖掘出来，在确定突破口的时候更应该充分地利用这种优势。张海迪没有选择运动员、舞蹈家作为人生目标，因为这些需要健全的体魄；她也没有把美术、绘画作为理想追求，因为这些又需要外出体验生活。针对自己记忆力强、空余时间多的特点，张海迪选择了英语作为自己的突破口，这完全是张海迪个人能力与条件所能达成的。

从张海迪的事例中，我们可以得到这样的启示：只要我们找到了一片属于自己的绿洲，在选择突破口之后，能够集中精力、时间去追求既定的目标，就一定会有所收获、有所成就的。

别人成功的路你当然也可以走，但并不代表你就可以成功。因为有些路对他人来说可能是铺满鲜花的大道，但对你就是充满了荆棘的陷阱。

人的先天差别虽然很小，但人的差异更多的是在后天形成的。如果你和他人的成长环境不同，你就会和别人有差异。这种差异决定着你不能随随便便就踏上任意一条成功的道路。你需要三思，待明确地知道了自己的绿洲在哪里后再奋斗也不迟。

小张自从上班的那天起，就为自己制定了奋斗目标：先做一名比尔·盖茨式的企业家，然后再成为一名政治家。为了实现自己的人生抱负，小张总喜欢接手一些有难度、有挑战性的工作而不屑于干普通的事务，最后不到半年就被老板解雇了。

与小张不同，小李进入公司的第一天，就为自己定下了一个目标：用两年的时间当上部门经理。从那天起，他每一天都是按部门经理的身份来要求自己。目标真是一个奇妙的东西，它使小李每天都被工作的激情驱使着。虽然这样工作起来有些累，但劳累过后，回头看看自己的业绩，他觉得再苦再累都是值得的。

结果小李只用一年的时间，就升职到了主管的岗位。从此以后他更加努力地工作。他的工作能力和工作业绩得到了公司总裁的肯定，很快他就被提升为部门经理，成为公司里最年轻、提拔最快的高层。

分析一下小张失败的原因：小张因为好高骛远，在确立目标的时候，没有认真分析自身素质和所处的环境，制定了一个不切合自身实际的目标。而小李又为什么能从普通职员迅速升为主管又任部门经理？他除了有一个随时鞭策自己的目标外，还有一个最重要的原因就是，他为自己设定的目标是可以实现的，是符合实际的。

一个人如果制定的目标不切实际，与自身条件相差甚远，那就成了一种幻想，想要完成是很困难的。小张一进入公司就梦想自己能成为比尔·盖茨，这是一个无法实现的目标，还不如没有目标，因为最起码可以少受一些挫折！

在我们的现实生活中，如不了解自己，目标制定得越大，挫折感也就越大。也许你该放弃那些大而美丽的目标，选择一个你力所能及的目标了。

自 我 提 升

不管你给自己定位在什么发展领域，也不管它是大是小，只要它是你的绿洲，是你熟悉的领域，而且能够为社会带来财富，为他人造福，你就可以拥有高效能的人生。

6. 顶尖的人想着未来，平庸的人想着过去

一位"成功人士"在回忆他的一生时，认为自己的成功得益于青年时期跟目不识丁的爷爷的一次见面。当时，他在繁重的学业中抽空去看望爷爷，爷爷说："我的菜地很久没有施肥了，今天你来得正好，帮我抬一桶大粪到菜地吧。"他到厕所里一闻，啊，粪桶太臭了。他简直受不了这股气味。

干完活，爷爷找出一只水桶，对他说："你再帮我挑几桶水吧。"

到晚上吃饭时，爷爷叫他把酒桶拿来。揭了桶盖，掀开盖桶的棉絮，从中取出一把酒壶。爷爷斟了一碗，黄酒温温的，入口香甜无比。

爷爷告诉他："这3个桶我是用同一棵树的木头做成的，刚做成的时候一模一样。后来装酒的就成了酒桶，装水的就成了水桶，装粪的就成了粪桶。你是要做酒桶、水桶，还是粪桶呢？这需要在一开始就想好。"

在以后的时光中，学业上遇到问题、工作上遇到困境和生活中感到迷茫的时候，他都会扪心自问：我要做酒桶、水桶，还是粪桶呢？

"一开始就想好"，道理很简单。可在实际生活中，又有几个人能做到？很多时候，我们往往因为诱惑太多，思虑太多，偏离了一开始确定的方向。有个老教授，他每天都工作到下午六点，晚上出去散步，回来以后就写第二天的工作安排，他说他每天的工作量是一般人的三倍左右，但是却比一般人更悠闲。原因有两个：第一是大多数人一天忙忙碌碌却没有计划性，所以回想一下，一天几乎什么都没干好；另外一点则是大多数人选择太多，所以太忙。今天想做这个，明天想做那个，总是觉得属于自己的东西太多。其实选择少一些，才能够活得更充实。

人们对计划有种错误的理解，计划并不是预先设定每一步，然后一成不变地遵行。计划应该像指南针那样，为未来指出方向。计划犹如一幅通往未来的街道图，只不过与一般街道图不同的是，这幅地图可以不断修改，使我们能越来越接近目的地。

高效能人士都是计划性很强的人，设定自己的目标以后，再制定一份详细的计划，就会发现工作效率大大提高了。当然有时候会有不确定因素，这时就要适当地修改计划。

一个非常成功的企业家，当被问到他成功的秘诀是什么时，他回答："计划、计划，再计划！你可以想象盖一座房子，却没有施工设计图吗？要用什么材料和什么工具？要在哪里打地基？要盖成什么形状？有几层楼？如果没有计划，你就不知道要如何开始。"

福特汽车公司的创始人亨利·福特是20世纪最伟大的企业家之一。他既是机械天才，是发明家，又是商业天才，是企业家。福特与其他很多发明家的区别是他做计划并懂得实践。他说："我总是以这样的方式去做事，即在开始动手之前把每一个细节都计划好；否则的话，一个人在工作进行时却不断地改变，直到最后还无法统一，那就会浪费大量的时间，这种浪费是不值得的。很多发明家会失败是因为他们分不清计划与实践的区别。"

有了规划，就一定会有成功的人生吗？也不一定。计划只是设计好了前进的路线。然后你还需要"按图索骥"，一步一步地向终点前进，持之以恒地实施人生规划。只有如此，你才能到达终点，得到你想要的东西。

博恩·崔西是全美最具影响力的演说家和成功学讲师，曾经在43个国家举行演讲，足迹遍布92个国家。他曾经是比尔·盖茨的业务导师，巴菲特、迈克尔·戴尔和杰克·韦尔奇都曾听过他的演讲，并深受启发。让人难以置信的是，这样一位成功学的讲师，却曾经是一个出身贫寒，连高中都没毕业的辍学生。

博恩·崔西生于美国圣地亚哥，父母一直没有固定的工作。因此他在青少年时代就经常面对物资匮乏的窘境。"我们家里的主题曲就是'我们买不起'！"他这样总结那段日子。

在生活的压力下，高中没毕业，博恩就辍学了。他的第一份工作是在一家小餐馆洗盘子，每天下午4点上班，常常工作到翌日凌晨。他的第二份工作是洗车，接着又换到清洁管理公司。常常洗地板到半夜，当时的他忍不住想："可能我一辈子都会洗东西吧？"

20岁那年，博恩开始到处旅行。他曾经和两位好友在一起，用300美元横越了美洲、欧洲、亚洲和非洲。行程1.7万英里，主要靠汽车和步行。在非洲，撒哈拉沙漠让博恩·崔西吃尽苦头。那个时候他开始意识到："每个人都必须横越自己的'撒哈拉沙漠'。"

博恩开始尝试改变自己的生活，在每天辛勤的体力劳动之后，他都会用5个小时的时间来学习。他的同伴不能理解，为什么一个做体力劳动的人每天还要这样拼命读书。"我不想一辈子做这种工作"，博恩想的是用实际行动来改变自己的生活，40年来，博恩每天至少阅读3小时。即使忙碌的上班日或节假日，也从不间断。博恩对读书的坚持，不仅体现于定时阅读的习惯上，也落实于他对学识的追求。高中没有毕业的博恩·崔西正是靠着这种对知识的不断追求，后来不但完成了大学教育，还念了研究生，并成为一个优秀的成功学讲师。

"那些最优秀的人在启动之前已经设立了一个未来的远景目标，然后倒推现在应该做什么，从而迈出第一步。大多数人对生活都有自己想法，但却从来没有迈出第一步。"博恩说他在自己长期的实践和观察中发现，顶尖的人总是想着未来，而平庸的人总是想着过去。好的人生离不开好的规划，成功人生离不开成功的规划和在正确规划指导下持续奋斗。

古时候有一个财主，找一个部落首领讨要一块土地。部落首领给他一个标杆，让他把标杆插到一个适当的地方，并答应他说："如果日落之前能返回来，就把首领驻地到标杆之间的土地送给他。"财主因为贪心，走得太远，不但日落之前没有赶回来，而且还累死在半路上。

这个财主有目标，也有行动。但因为没有合理的计划，所以失败了。我们可以想象，如果这个人不是财主，而是懒汉，懒汉有目标和计划，就是没有行动，那当然也不会成功。由此我们可以引出一个关于成功的公式，即目标+计划+行动=成功。目标、计划和行动对于成功而言，都是必不可少的前提条件。尤其是从事比较繁杂且艰苦的活动，要想获得成功，更需要明确的目标和科学的规划，再加上不折不扣的行动。

计划像一座桥，连接我们现在所处的位置和想要去的地方。同样，计划是连接目标与目标之间的桥梁，也是连接目标和行动的桥梁。没有计划，实现目标往往可能是一句空话。计划对于人生来说相当重要，如果你在计划上失败了，那注定也会在执行上失败。没有计划的人生是杂乱无章的，看似忙碌，其实空虚。

计划，对某些人来说意味着自我抑制。他们非常坚决地执行这一切，有时甚至"陷于"其中。通常不做计划的人认为自己拥有自由的精神，他们通常也不理会任何关于预先制定计划的建议。

当然也有另外一种极端的情况，那就是过度计划。这种人试图控制事情发展过程中的每一个细节，不给突发事件和不可预料情况的发生预留任何空间。这些都是错误的认知，计划并不代表僵化和强制，它应该是一次放飞自由的经历。你能够主宰自己的生活，按照你自身的需求和价值观来塑造自己的独特人生。

合理地计划可以帮你成为一个合格的高效能人士。

自 我 提 升

在人生道路上，如果没有一个切实可行的计划，目标就只能是空中楼阁和海市蜃楼。因此，合格的高效能人士，需要严格执行计划，并每日检查计划的落实情况，并且时常这样问自己："我现在做的事情会使我更接近我的目标吗？"

7. 用未来的"逆推"，催生今天的效能

一个出色的企业或组织都有10年至15年的长期目标。经理人员时常反问自己："我们希望公司在10年后是什么样呢？"然后根据这个来规划应有的各项努力。

我们也应该计划10年以后的事。如果你希望10年以后变成怎样，现在就必须如何去做……世界上一切伟人与凡夫俗子最大的区别就是前者懂得事先设计自己的一生，后者则不懂或不愿设计自己的人生。

高效能是为了追求自我价值的实现。自我实现的需要是指个体充分发挥自己的潜能，实现自己的人生价值并造福于人类社会的需要。例如做一个举世瞩目的伟人、做一个医术高明的医生等等，但是你不可能一定下这个长远目标就马上能够实现它。

那么，我们可以像高效能人士一样，采用"逆推法"。

1976年，19岁的迈克尔在休斯敦的一家航天实验室工作，虽然这里待遇优厚，但是环境沉闷，迈克尔希望改变自己的现状。他心中一直有创

作音乐的梦想，但是写歌词并不是迈克尔的专长，于是他找到善写歌词的凡尔芮同他一起创作。当凡尔芮了解到迈克尔对音乐的执着以及目前不知如何入手的迷茫时，决定帮助他实现梦想。于是凡尔芮问迈克尔："你想象中的五年后的生活是什么样子的?"

迈克尔沉思片刻，说道："五年后，我希望自己会有一张唱片在市场上销售；我想住在一个有音乐氛围的地方，能够天天和世界一流的音乐人一起工作。"

凡尔芮说："那么，我们现在就看看你和你的目标之间的差距有多远吧。现在，你有固定的工作，音乐创作的时间非常有限。而你想要达成梦想，那音乐将是你生活和工作的主要甚至全部内容，这就是差距所在。现在我们把你的目标反推回来。如果第五年你想有一张唱片在市场上销售，那么第四年你就一定要和一家唱片公司签约；第三年你就要有一首完整的作品，可以拿给很多唱片公司听；第二年你一定要有很棒的作品开始录音；第一年你就要把所有准备录音改好，然后逐一进行筛选；第一个月你就要把目前手中的这几首曲子完工；第一个礼拜你就要先列出一张清单，排出哪些曲子需要修改，而哪些则需要完工。你看，现在我们不就知道你下个星期应该做什么了吗?"

凡尔芮接着说道："如果你五年后想要生活在一个有音乐氛围的地方，与一流的音乐人一起工作，那么第四年你就应该有一个自己的工作室或者录音室；第三年，你可能就得先跟这个圈子里的人一起工作；第二年，你就应该搬到纽约或者洛杉矶去住了。"

凡尔芮的一番话，让迈克尔大受启发。很快地，他就辞职去了现有的工作，搬到洛杉矶。时隔六年，迈克尔的唱片大卖，一年卖出了几千万张，而且他每天都与顶尖的音乐人在一起工作。正是凡尔芮冷静地找出差距，并一步步地进行分析，给迈克尔指出了一条通往梦想的道路。

先根据总目标实现的条件，将人生总目标分解为几个5—10年的长期

目标，再根据长期目标的实现条件，将其分解为若干个2—3年的中期目标，再继续将其分解为若干6个月至1年的短期目标，进而将每一个短期目标分解成月目标，月目标量化分解为若干个周目标，周目标变成若干个日目标，最后，就是逐一行动。

自 我 提 升

高效能的人会时刻问自己，今天的自己和十年后的自己之间有什么差别？找到差距以后，就该努力地提高自己，弥补差距，使自己距离目标越来越近。

第二章
犹豫消耗效能，走自己的路要义无反顾

1. 反复地想正确答案，所以你慢了半拍

高效能人士认为，人们之所以优柔寡断，是因为他们总希望通过推迟选择来避免犯错误。其实很多时候，勇于犯错误也就多了成功的机会。所以要做到果敢自信，我们就要积极选择并且相信自己的选择。失败没什么可怕，只不过是为我们下次的失败减少了一种可能而已。

有一个6岁的小男孩，一天他在外面玩耍时发现一个鸟巢被风从树上吹掉在地，从里面滚出来一只嗷嗷待哺的小麻雀，小男孩决定把它带回家喂养。

当他托着鸟巢走到家门口的时候，突然想起妈妈不允许他在家里养小

动物。于是他轻轻地把小麻雀放在门口，急忙走进屋去请求妈妈。在他的哀求下，妈妈终于破例答应了。

小男孩兴奋地跑到门口，不料小麻雀已经不见了。他看见一只黑猫正在意犹未尽舔着嘴巴，小男孩为此伤心了很久。

但从此他也记住了一个教训，即只要是自己认定的事情，绝不可优柔寡断。这个小男孩长大后成就了一番事业，他就是华裔电脑名人——王安博士。

果敢自信是一种沟通的哲学和技能，它让我们能更深层次地理解互动是如何进行的，特别是当有冲突的时候。可是生活中更多的时候，人们都是做事拿不定主意，犹豫不决。

心理专家说犹豫是不知道选左或选右时出现的心理状态，犹豫的出现是因为有东西阻碍了你做决定，但这障碍的形成正是形成于你的内心。心里迟疑，不懂应该做怎样的决定，不懂回答。

相信读者都知道滑铁卢战役，拿破仑之所以战败，他自己总结原因是：格鲁希元帅没有支援。

在此茨威格的记叙可以作证。6月17日上午11时，拿破仑第一次把独立指挥权交给格鲁希元帅。拿破仑的命令是清楚的，即当他自己向英军进攻时，格鲁希务必率领交给他的三分之一兵力去追击普鲁士军，同时，他必须始终和主力部队保持联系。

格鲁希元帅踌躇地接受了这项命令，他不习惯独立行事。只是当他看到皇帝的天才目光时，才不假思索地应承下来。使他放心的是大本营就在附近，只需3小时的急行军，他的部队便可和皇帝的部队会合。

战斗打响后，格鲁希元帅已开始向主战场的反方向追击普军。后来行进中格鲁希军队已经隐约地听到了拿破仑军队那边传来的枪炮声，于是热拉尔副官坚决要求格鲁希掉头援助。他认为肯定是威灵顿包围了拿破仑，但遭到了格鲁希愚忠的否定，他说："我是按照皇帝制定的路线在部署军队，没有得到皇帝的命令我不能擅自改变。"热拉尔最后建议格鲁希给他一个师的兵力，他打算带领2000精兵冲出一条血路，救出拿破仑。格鲁希说让我考虑一分钟，结果一分钟后格鲁希再次拒绝了热拉尔的请求。而在奋战等待援军的拿破仑却不知道，格鲁希的一分钟葬送了自己。

在拿破仑时代，如果欧洲大陆上任何一个国家以一国之兵与拿破仑较量都将必败无疑，即使是在拿破仑刚刚逃出厄尔巴岛的时候。但是1815年，曾经横扫欧洲无敌手的拿破仑，却被欧洲联盟七国的70万大军所击败，其中格鲁希元帅的优柔寡断是很大一个促成因素。

现代社会是一个信息社会，对我们而言信息就是机会，就是财富。但是信息所提供的机会稍纵即逝，谁能快速掌握，谁就能把握市场供需，谁就能获得财富，也就能成为时代的佼佼者。选择了在机会面前果敢决策，你就选择了成功。

1983年，时任中国光大实业公司董事长的王光英看到了一份工作人员为他准备的报告。他从报告中得知，智利一家倒闭的铜矿由于急于还债，需要处理一批二手矿车。这批矿车都是倒闭前不久矿主为加快工程进度采购的，几乎没怎么用过。矿车均为名牌车，总数有1500辆。

王光英一拍大腿，认为机会来了。他火速派人与矿山老板取得联系，表示愿意买车。与此同时，一个负责购车的专家与工作人员派遣组火速成立了。临行前，王光英告诉他们，要有勇气。并且要相信自己的判断力，不要事事请示。只要你们认为车好，价格好，就果敢拍板成交。

这位矿主虽说已破产，可他对即将出手的1500辆车保护得令人感动。这些卡车载重7吨至30吨不等，矿主包租了一个体育场，将这些车整整齐齐地摆放在那里，而且他让工人将所有的车都细心地涂抹了防锈油。专家组人员看到这些车时，不禁齐声赞叹。他们一丝不苟地验车，各项指标确实令人满意。派遣组人员丝毫不耽搁，马上开始了与矿主的讨价还价。矿主由于还债心切，最后双方很快以原价八折的价格成交了。协议刚达成，一位美国商人就来到了铜矿。

王光英的这次果敢决策，为国家净赚了2500万美元。试想，要是他面对信息犹豫不决，瞻前顾后，那批车肯定就被那位美国商人捷足先登了，2500万美元也会进了别人腰包。

在人生中，思前想后和犹豫不决固然可以免去一些做错事的可能，但也可能让你失去更多成功的机遇。

自 我 提 升

做任何事（指的是有价值和有意义的事）都不要犹犹豫豫拖拖拉拉。当然这么讲并不是说做事不需要冷静思考，不需要讲究计划，盲目行事，而是说做事不能犹豫。如果被犹豫挡住，你就什么事都干不成。

2. 乐观点，在危险中自由地畅行

有人曾做过这样的比喻，即机遇好比老鹰捕兔子，一不留神，稍纵即逝。要捕捉到狡猾的兔子，老鹰必须做到快、准、狠。机遇好像兔子，它是动态的，绝不是静止的，机遇的性格就是谁也不等。老鹰在天上盘旋，只能说是"机"，老鹰捕捉到兔子那一刹那才是"遇"。机遇是偶然中的必然，就必定有其规律。

有两个青年，一个叫杰克，一个叫约翰。他们不约而同去某座海岛寻找金矿，到海岛的邮船很少，半个月一班。为了赶上这趟船，两个人都日夜兼程地走了好几天。当他们双双赶到离码头还有100米时，邮船已经起锚。天气奇热，两个人都口渴难忍。这时，正好有人推来一车柠檬茶水。邮船已经鸣笛发动了，杰克只瞟了一眼茶水车，就径直飞快地向邮船跑去；约翰则抓起一杯茶就喝，他想喝了这杯茶也来得及。杰克跑到时，船刚刚离岸一米，于是他纵身跳了上去；约翰因为喝茶耽搁了几秒钟，等他跑到时船已离岸五六米了，于是他只能眼睁睁地看着邮船一点点地远去……

杰克到达海岛后，很快就找到了金矿，他便成为千万富翁。约翰在半月后勉强来到海岛，因为生计问题只得做了杰克手下一名普通的矿工……只是喝一杯茶的短短的几秒钟，两个人的命运就截然不同了。

美国管理大师约翰·科特说："经营者的每一项决策、每一次行为都既蕴含着成功的希望，也隐藏着失败的可能。若是过分强调谨慎，那么，在市场上就会寸步难行。"美国人是天生的冒险家，他们凭着过人的胆识，抱着乐观从容的风险意识，在危险中自由地畅行，抓住机遇获得了巨大的成功。

1956年，58岁的哈默购买了西方石油公司，开始做石油生意。石油是最能赚大钱的行业，也正因为最能赚钱，所以竞争尤为激烈。初涉石油领域的哈默要建立起自己的石油王国，无疑面临着极大的竞争风险。首先碰到的是油源问题。1960年石油产量占美国总产量38%的得克萨斯州，已被几家大石油公司垄断，哈默无法插手；沙特阿拉伯是美国埃克森石油公司的天下，哈默难以染指。

如何解决油源问题呢？1960年，当花费了1000万美元勘探基金而毫无结果时，哈默再一次冒险接受一位青年地质学家的建议：旧金山以东一片被德士古石油公司放弃的地区，可能蕴藏着丰富的天然气，哈默的西方石油公司可以把它租下来。哈默又千方百计从各方面筹集了一大笔钱，投入了这一冒险的投资。当钻到860英尺（262米）深时，他们终于发现了加利福尼亚州的第二大天然气田，估计总价值在2亿美元以上。

在风险面前胆怯的人不敢去做前人未做过的事，当然也不会体验到冒险的刺激与成功的喜悦。结果只能是永远也不会有什么作为，甚至被时代所抛弃。商业经营上的成功常常属于那些敢于抓住时机，并且可以果断地做出决策的高效能人士。

特朗普多年来一直关注着哈得逊河边的一个荒废了的庞大铁路广场，每次他经过这里时，都会设想能在那儿建点什么。但是在该城处于财政危机时，没有谁还有心思考虑开发这大约100英亩的庞大地产，那时候人们认为西岸河滨是个危险去处。尽管如此，特朗普认为要全面改观并非太难，人们发现它的价值只是时间迟早的问题而已。

1973年，特朗普在报纸上的破产广告一栏中，偶然看到一则启事。其中提到一个叫维克多的人负责出售废弃广场的资产，他于是打电话给维克多，说他想买60号街的广场。广场的事虽然最终未落实，但维克多提供了另一个信息，即康莫多尔大饭店由于管理不善，已经破败不堪，亏损多年。特朗普发现，成千上万的人每天上下班的时候，都要从饭店旁边的地铁站上上下下，那里绝对是个一流的好位置。

特朗普把买饭店的事告诉了父亲，父亲听说儿子在城中买下了那家破饭店，吃惊不小，因为许多精明的房地产商都认为那是笔赔本的买卖。特朗普当然也知道这一点，不过他要了一些高明的手段，他让卖主相信他一定会买，却又迟迟不付定金。他尽量拖延时间，是为了要说服一个有经验的饭店经营人一道去寻求贷款，他还要争取市政官员破例给他减免全部税费。

一切妥当后，特朗普终于买下了康莫多尔饭店。他重新做了装修，并把饭店重新命名为"海特大饭店"。新装修后的饭店富丽堂皇，楼面是用华丽的褐色大理石铺的。用漂亮的黄铜做柱子和栏杆，楼顶建了一个玻璃宫餐厅。它的门廊很有特色，成了人人都想参观的地方。

海特大饭店于1980年9月开张，开张后顾客盈门，大获其利，总利润一年超过3000万美元！

犹太人中流传一句格言：人的一生中，有3种东西不能使用过多——做面包的酵母、盐和犹豫。酵母放多了面包会酸，盐放多了菜会咸，犹豫过多则会丧失赚钱和扬名的机会。商人做生意，关键是要盈利。当机会来临时，切不可犹豫不决，一味埋头计算能赚多少钱，而要采取决策，做出判断。

一位美国房地产商新建了一幢大楼，各方面条件都不错，可是由于楼房广告没有新意，淹没在了各种广告的海洋中。这幢大楼没有引起大众的注意，销售状况很不理想。正在房地产商为楼房的销售问题大伤脑筋的时候，一天售楼的人员报告，说有一大群鸽子飞进了大楼，并且在一些空房子里住了下来，请求公司派人协助把鸽子赶走。房地产商听到这个消息，灵机一动——他嗅到了机遇的气味。他首先派人打电话给动物保护协会，让他们知道鸽群飞进大楼的事，并请求派人协助捕鸽，以防鸽子被他人伤害，第二天立即行动。然后打电话给电台、电视台和报社等新闻单位，让他们知道动物保护协会准备捕捉大楼中鸽群的事。这些新闻单位接到这一信息后，觉得从保护动物角度看，这件事很有新闻价值。于是决定派人采访，大力加以宣传。第二天，动物保护协会的捕鸽行动开始了。电台、电视台和报社等各家新闻单位都派人来采访，并对这件事做了详细报道。为了不伤害鸽子，捕鸽行动小心而谨慎，整整用了一周时间才完成。这期间，各家新闻单位一直跟踪采访并报道。随着捕鸽行动报道的进行，以此为载体对整幢大楼情况的宣传也深入人心，楼房的销售量猛然大增。不出一个月，整幢大楼销售一空，而且房价比其他地段的房价都要高。

机遇是需要创造的，有些看似不是机遇的事情，只要你独具慧眼，看到它的潜在价值，设法为它添加一点催化剂，就有可能把它变为你的机遇，甚至是难得的机遇。

自 我 提 升

失败者错过机遇，保守者等待机遇，进取者寻求机遇，成功者创造机遇。高效能人士绝不做等待机遇者，当机遇还未成熟时，他们会主动创造机遇。

3. 再好的计划也赶不上变化

一个伞兵教练说："跳伞本身真的很好玩，让人难受的只是等待跳伞的一刹那。在跳伞的人各就各位时，我让他们尽快度过这段时间。曾经不止一次，有人因幻想太多可能发生的事而晕倒。如果不能鼓励他跳第二次，他就永远当不成伞兵了。跳伞的人拖得越久，越害怕，就越没有信心。"

等待甚至会将人折磨得神经兮兮，《时代标志》曾经报道美国最有名的新闻播音员爱德华·慕罗先生在面对麦克风时总是满头大汗。然而等开始播音以后，所有的恐惧就都没有了。许多老牌演员也有这种经验，治疗舞台恐惧症唯一的良药就是"行动"，立刻进入状态就可以解除所有的紧张、恐惧与不安。

　　高效能人士都懂得什么时候去做最紧迫和最重要的事情，他们知道人间的事情没有一件绝对完美或接近完美。如果要等所有条件都具备以后才去做，只能永远等待下去了。一个果敢行动的人是每一个行业的领导人物心目中的第一流人才。有一个主管曾说：资历很好的人实在很多，但都缺乏一个非常重要的成功因素，即贯彻的能力。"

　　有一天晚上，5岁的儿子已经上床半小时了，却突然放声大哭。原来小男孩刚才看了一部科幻片，害怕片中的绿色妖怪闯进来抓他。这位父亲的做法很特别，他并没有说："不要怕，孩子。没有什么好怕的，回去睡觉吧。"他用一种积极的做法来消除儿子的恐惧，他走到每一扇窗户跟前认真检查，看看关好没有，最后又拿了一把玩具手枪放在儿子枕边说："毕里啊！这把手枪给你以防万一。"小家伙听了很放心，几分钟就睡着了。

　　很多人都承认，没有智慧基础的知识是没用的。但更令人沮丧的是即使空有知识和智慧，如果没有行动，一切仍属空谈。行动与充分准备其实可视为物体的两面，人生必须适可而止。做太多的准备却迟迟不去行动，最后只会徒然浪费时间。换句话说，事事必须有节制，我们不能落入不断演练和计划的圈套，而必须承认现实。即不论计划有多周详，我们仍然不可能准确预测最后的解决方案。

　　有位高效能的人说得好："教育涵盖了许多方面，但是它本身不教你任何一面。"这位聪明人向我们展示了一条真理，即如果你不采取行动，世界上最实用、最美丽和最可行的哲学也无法行得通。

　　要想成为高效能人士没有什么秘诀，要在人生中取得正面结果，有过人的聪明智慧和特别的才艺当然好。没有也无可厚非，只要肯积极行动，你就会越来越接近成功。高效能人士说每个人在决定一件大事时，心里都会或多或少有些担心和恐惧，都会有到底要不要做的困扰。但行动派会用决心燃起心灵的火花，想出各种办法来完成他们的心愿，并且更有勇气克服种种困难。

很多缺乏行动的人大都很天真，喜欢坐等事情自然发生。他们天真地以为，别人会关心他们的事。事实上除了自己以外，别人对他们其实不感兴趣，人们只对自己的事情感兴趣。例如，一桩生意，我们获利比重越高，就越要主动采取行动。因为成败与别人的关系不大，他们不会在乎的。这时候，我们最好推它一把。如果我们怠惰和退缩，坐等别人主动来推动事情发展的话，结果必定是大失所望。

缺乏行动的人都有一个坏习惯，即喜欢维持现状，拒绝改变。这是一种深具欺骗和自我毁灭效果的坏习惯，因为一切都在变化之中。正如人有生死一样，没有不变的事物。但因内心的恐惧，即对未知的恐惧，很多人抗拒改变。哪怕现状多么不令他满意，他都不敢向前跨出一步，最后落得一事无成。

杰米先生是个普通的年轻人，大约二十几岁。有太太和小孩，收入并不多。他们全家住在一间小公寓中，夫妇二人都渴望有一套自己的新房子。他们希望有较大的活动空间、比较干净的环境，并且小孩有地方玩，同时也增添一份产业。买房子的确很难，必须有钱支付首付才行。有一天当他签发下个月的房租支票时，突然很不耐烦，因为房租跟新房子每月的分期付款差不多。

杰米跟太太说："下个礼拜我们就去买一套新房子，你看怎样？"

"你怎么突然想到这个？"她问，"开玩笑！我们哪有能力！可能连首付都付不起！"

但是杰米已经下定决心："跟我们一样想买一套新房子的夫妇大约有几十万，其中只有一半能如愿以偿。一定是什么事情才使他们打消这个念头，我们一定要想办法买一套房子。虽然我现在远不知道怎么凑钱，可是一定要想办法。"

第二个礼拜他们真的找到了一套两个人都喜欢的房子，朴素大方又实用，首付是1200美元。现在的问题是如何凑够这1200美元，他知道无法从银行借到这笔钱。因为这样会妨害他的信用，使他无法获得一项关于销售款项的抵押借款。皇天不负有心人，杰米突然有了一个灵感，即为什么不直接找承包商谈谈，向他私人贷款呢？他真的这么做了。承包商起先很冷淡，但由于杰米一再坚持，他终于同意了。他同意杰米把1200美元的借款按月交还100美元，利息另外计算。现在杰米要做的是，每个月凑出100美元。夫妇两个想尽办法，一个月可以省下25美元，还有75美元要另外设法筹措。

这时杰米又想到另一个点子，第二天早上他直接跟老板解释这件事，他的老板也很高兴他要买房子了。杰米于是说："老板，你看，为了买房子，我每个月要多赚75元才行。我知道，当你认为我值得加薪时一定会加，可是我现在很想多赚一点钱。公司的某些事情可能在周末做更好，你能不能答应我在周末加班呢？有没有这个可能呢？"老板对于他的诚恳和雄心非常感动，真的找出许多事情让他在周末工作10小时，他们因此欢欢喜喜地搬进了新房子。

世界上一些领袖人物最大的长处就是英明果断。当拿破仑决定把他的军队移向某一个目标之后，他绝不允许任何事情来改变他的这项决定。

18世纪美国最伟大的科学家、政治家和文学家本杰明·富兰克林说："今天可以做完的事不要拖到明天。"这也就是俗话所说的"今日事，今日毕"。

历史在无声无息中为我们展现了无数个例子，它告诉我们那些英雄们在别人畏首畏尾地认为毫无可能性的时刻，果敢地抓住机会，取得了常人难以想象的成就。那些英雄们总能当机立断，全身心地投入到行动之中。整个世界都为他们的精神所鼓舞，而他们对世人的影响也是极其深远的。

阿尔弗德说过："一生之中，有些时刻对于我们来说是非常重要的，我们应该给予足够的重视。然而，当这些重要的思考降临在我们身上的时候，谁能提示我们呢？"高效能人士说："无论何时果敢的决策都是很重要的。成与败往往就在一念之间，只要行动起来，就没有'不可能'。"

自 我 提 升

高效能人士认为：计划非常重要，计划是获得有利结果的第一步。但计划并非行动，也无法代替行动。就如同打高尔夫球一样，如果没有打过第一洞，便无法到达第二洞。行动解决一切，没有行动，什么都不会发生。

4. 愿赌服输是一种风度

在创业的路上，面对最直接的利害得失，我们必须敢于做出自己的选择，表达自己的态度，并且承受因我们的选择带来的后果。

一个人成功的关键是胆量和勇气，如果没有胆量和勇气，就什么都不会拥有。人生也是一场赌局，愿赌服输是一种风度，一种境界。既然选择了，就必须赌下去，不能患得患失，瞻前顾后，更不能因此而失去理智，迷失心性。

如果想做生意，想闯荡商海，没有一份胜败自如的洒脱，是难以承受商海的风雨的。人生的输赢，不是一时的荣辱成败所能决定的，今天赚了，不等于永远赚了；今天赔了，只是暂时还没赚。任何时候，过人的胆识和胸怀都是一个人最重要的品质，坚持到底就是胜利，做生意是这样，做人是这样，做任何事情都是这样。只有如此，才能禁得起经济战场中的"枪林弹雨"，成为活着出来的那一个，成为发家致富的"王者"。

真正的勇气就是秉持自己的意见，不管别人怎么说。只要确定你是对的，就坚持你的信念，无怨无悔。

胆大，可能有风险，也可能没有风险，但收益可观；胆小，没有风险，也没有收益。换句话说："胆大是找死，但可能死中求活；胆小是等死，而且必死无疑。"所以说"撑死胆大的"，如果你是"胆小"的呢？虽然不一定真的会被饿死，但一生充其量也只是忙忙碌碌地找饭吃，不会有太大的成功。事实也一再证明，成功者都是"胆大包天"的。

日本三洋电机的创始人井植岁男讲过这样一个真实的故事：

一天，他家的园艺师傅对他说："社长先生，我看您的事业越做越大，而我却像树上的蝉，一生都趴在树干上，太没出息了，您教我一点创业的秘诀吧。"井植点点头说："行！我看你比较适合园艺工作。这样吧，在我工厂旁有2万坪空地，我们合作来种树苗吧。""树苗1棵多少钱能买到呢？""40元。"井植又说，"100万元的树苗成本与肥料费用由我支付，以后3年，你负责除草施肥工作。3年后，我们就可以收入600多万元的利润，到时候我们每人一半。"听到这里，园艺师却拒绝说："哇，我可不敢做那么大的生意！"最后，他还是在井植家中栽种树苗，按月拿工资，失去了这样一个非常好的机会。

人们常常会用"有胆识"来说明敢想敢干、敢作敢当的精神。在复杂的社会生活中，我们需要面对许许多多的问题和矛盾。处理这些问题，解决这些矛盾，需要有经验、有智慧、有谋略、有才干，同时，还有一样东西也是必不可少的，这就是胆量。

谁都知道螃蟹美味可口，然而，第一个吃螃蟹的人一定是带着冒险精神去尝试的。在商业竞争中，有远见的人总是采取开拓型的经营决策，争取主动，获得比竞争者领先的优势，从而出奇制胜。

戴维·托马斯是温迪国际公司创始人，他在世界各地拥有4300多家快餐店。他这样回忆自己的童年：

我12岁时，我们全家迁到田纳西州的诺克思维尔。我设法使一位餐厅老板相信我已16岁，他才雇用我做便餐柜台的招待，每小时25美分。这是我的第一份工作。

餐馆老板弗兰克和乔治·雷杰斯兄弟是希腊移民。刚来美国时，他们曾干过洗盘子和卖热狗的工作。他们极为坚强，并为自己定下了非常高的标准，但从来不要求雇员做他们自己做不到的事情。

弗兰克曾告诉我说："孩子，只要你愿意努力尝试，你就能为我工作；如果你不努力尝试，你就不能为我工作。"

他所说的努力尝试包括从努力工作到礼貌待客等一切内容。当时通常的小费是一个10美分的硬币，但由于我能很快把饭菜送给顾客并服务周到，有时就能得到25美分小费。我记得曾经尝试自己一个晚上能接待多少客人，结果创下了100位的纪录。通过第一份工作，我认识到：只要你努力工作努力尝试，你就会成功。

第一个做的是天才，第二个做的是庸才，第三个以后还这样做便是蠢材。你寻宝的金矿也许已被别人开采了八九次，现在你还在辛苦地再开采。眼光独到的经营者都明白这样一个道理：一个尚未有人注意到的领域里，或许应该说，一个尚未有人敢做生意的领域，要创出赚钱的机会，要比面前的金矿寻宝容易得多。

只有别人还没有发现而你却发现的机会才是黄金机会，尽管这样做冒险，但不冒险就没有赢，只要有50%的希望就值得冒险。

也许第一次尝试，会消除你一往无前的勇气与一马当先的锐气，也会扼杀顽强的韧劲与不怠不懈的干劲。但是，一次小小的碰壁，绝不至于让你放弃，你应该一次次地继续实践、不断尝试，只要付出努力，最终会到达财富的彼岸。许多时候，我们失败的真正原因在于：没有去"再试一次"。正是缺乏"再尝试一下"的努力，使得我们与唾手可得的财富机遇失之交臂。

自 我 提 升

所谓胆识即超前意识。超前意识可以说是那些成功的高效能人士的共同特征。由于具有超前意识，人们才拥有敢想敢干的精力和魄力，才能够赶在时代的前面。

5. 每天从最不喜欢的事情开始做起

大部分人做事都是从易到难，从喜欢的事情做起，但恰恰喜欢做的事情都会阻碍工作进展，是效率最大的杀手。不愿意做某件事情的借口往往是没什么兴趣，真实的原因是自己没有能力在当前把事情做好，这就形成了一种循环，因为不擅长或者没有自信心，所以拖延着不做，而拖延着不做让自己处于急于逃避或者应付了事的状态中，并没有从根本上深入理解工作的本身，因此也无法提高自身的能力，最终变得越来越不喜欢应该做的事情。

在良性的循环里，因为不擅长或者自身的能力无法达到，所以总是花时间想办法钻研学习，慢慢掌握一些要领，使工作变得顺利起来，慢慢培养出了兴趣，在工作中也发现了乐趣，因此不喜欢的事情慢慢就喜欢起来。

每个人都习惯避免做自己不擅长的事情，结果使得这一方面的能力愈加弱化，并且在心里形成一种惯性思维，——"我没兴趣，也做不好，我并不喜欢做这件事情。"结果越来越不喜欢去做它。

很少有人对分派下来的工作会兴奋得两眼发光，除非他是工作狂，恰巧分配下来的工作又是他最擅长且最喜欢做的。这时候就要面对一个问题，如何完成一项枯燥、自己又没有把握的工作呢？譬如说这项工作需要8个小时才能完成，如何在8个小时里不被随时而来的干扰或者欲望打断，最好的方法就是把时间分段。一般人注意力集中的时间都不长，5—6岁的儿童持续时间为10分钟，7—8岁的儿童是15分钟，上小学的孩子则是20—30分钟，成年人也只有30分钟左右，学校设置每节课的时间也不过45分钟，所以长时间地集中注意力是一个普遍的难题，更何况是面对自己毫无兴趣的事情。

对于一般人来说，专注某件事情长达一个小时是非常困难的，15分钟就不会那么艰难了，尝试以15分钟为段，如果做到了，就对自己说："看起来做得不错，不妨再做15分钟。"趁着自己在状态再接再厉，半小时就过去了。

每天从最不喜欢的事情开始做起，坚持做完它，然后做第二件事情，一直做到最后一件才开始做你喜欢的事情。从心理上最困难的入手，在中途不要跳跃那些你不喜欢做的事情这是一种强化训练，坚持下去，强化的效果会越来越大，最终你会觉得你有力量完成任何事情。

刚刚晋升为销售部经理的张蓓每天做的第一件事情就是给那些"难啃"的顾客打电话，或者直接登门拜访，刚进公司的她可不是这样的。还是销售菜鸟的她每天都在为给陌生顾客打电话头痛不已，所以总是拖拖拉拉，做一些杂七杂八的事情来逃避，一个月下来，人事部主管找她谈话时委婉提出了辞退她的想法，张蓓这个时候才意识到自己在试用期的表现并不好，面临着丢掉工作的厄运。

谈话后的第二天，早上开始工作就直接给顾客打电话，因为技巧并不好所以被顾客拒绝的频率很高，一个上午下来，她反而比以前轻松，比起以往整天想着联络顾客而未能付诸行动的恐惧，顾客直接的回绝虽然让人沮丧，但内心的负担却小多了。一个星期后，她成功地完成了一个订单，这也是她进入公司后的第一笔销售业绩。和顾客打交道越多，沟通的技巧也越加成熟，慢慢地她养成了一早预约和拜访顾客的工作习惯，随着业绩突出很快她就荣升为销售部经理。

主动选择面对自己不喜欢的事情——因为把它排除掉后，你就可以开始做愉快的那一部分工作，这让你更愿意投入到工作中，并且有着快乐的体验，从而有效控制了拖拉。从不喜欢的事情做起让你工作时更有力量，也更加投入，进而慢慢改变对工作的看法和态度。

自我提升

原本事情是没有喜欢或者不喜欢之分的，是我们对事情的感觉让它有了这一层的定义，任何事情开始着手时，想象的感觉就消失了，不管你多害怕它，或者认为它多么讨厌，当沉静下来投入到工作中时，不好的感觉就不存在了，工作就是要找到"我在"的状态。

6. 坚持走自己的路，路才会越走越宽

汤姆来到实验室时，在他之前的6个志愿者都已经坐好了。看到他进来，阿希教授的助手拍拍手说："好，我们的最后一个小伙子也到了，现在让我们开始吧。这次的实验，是要求大家区别线条的长度。"

助手拿出两张纸，第一张纸上画着一条线，大约有5英寸长。他说："这是标准长度。"另一张纸上画着A、B和C共3条线，长短不一。

汤姆一眼就看出，线段B和标准长度是一样的。A长了一点，C则短了一点。前面的6个人都很快地指出线段B和标准长度是一样的，汤姆很高兴自己的结果能和他们保持一致。

助手收起了画着3条线的那张纸，又换了另外一张。上面只有两条线，即X和Y。汤姆能看出来，线段Y和标准长度是一样的。

但这次真是见了鬼！其余的人都说：只有线段X才和标准长度一样。第一个人这样说的时候，汤姆没有在意。但是听到第二个人和第三个人也这么说时，他有点坐不住了。听到第五个人和第六个人也是这样答案，他的汗都出来了。

"现在该你了，哪条线和标准长度一样长？"助手盯着汤姆问。前面的6个人也都转过头来看着他。"是……是……"Y这个字在汤姆舌尖打转，却怎么也说不出口。汤姆也忘记了自己是怎样回答的，等他晃晃悠悠地走出大楼时还一直在想，答案到底是X呢？还是Y呢？

这是来自社会心理学家所罗门·阿希做过的一个经典的"线段实验"，实验结果惊人地发现有33%的被试者屈服于小组的压力而做出错误的判断。这个实验告诉我们，很多时候群体压力是很难克服的。

所谓群体压力是指当群体成员的思想或行为与群体意见或规范发生冲突时，成员为了保持与群体的关系而需要遵守群体意见或规范时所感受到的一种无形的心理压力，它使成员倾向于做出为群体所接受或认可的反应。不克服群体压力，我们往往很难走出来。

在20世纪20年代之前，国际地质和地理学界长期流行一种观点，认为中国内地没有第四纪冰川。

李四光想外国地质学家并没有做过认真调查，凭什么说中国没有第四纪冰川？1921年，李四光亲自到河北太行山东麓进行地质考察。1933年至1934年，又到长江中下游的庐山、九华山、天目山和黄山考察。然后写出论文，论证华北和长江流域普遍存在第四纪冰川。1939年，他又在世界地质学会发表《中国震旦纪冰川》一文，用大量实证肯定中国冰川遗迹的存在，这对地质学、地理学和人类学都是一大贡献。

20世纪初，美国美孚石油公司曾在我国西部打井找油，结果毫无所获。于是以美国布莱克威尔教授为首的一批西方学者就断言中国地下无油，中国是一个"贫油的国家"。

年轻的地质学家李四光偏偏不信这个邪，美孚的失败不能断定中国地下无油。他说："我就不信，油难道只生在西方的地下？"在这种强烈的自信心的支配下，他开始了30年的找油生涯。他运用地质沉降理论，相继发现了大庆油田、大港油田、胜利油田、华北油田和江汉油田。他当时还预见西北也有石油，新疆大油田的开发完全证实了他的预言。

李四光靠自信和自强彻底粉碎了"中国贫油论"。

李四光发现了石油，除了得益于他的努力和坚持外，更难能可贵的是他敢于直面群体压力、挑战权威的勇气。

葛洛夫的"只有偏执狂才能生存"，在IT界几乎已是一个定律。作为中国最早一批IT创业者，史玉柱一直展示着超乎常人的"偏执基因"。

史玉柱偏执的案例有许多，在全国人民的咒骂声中，他坚持"送礼就送脑白金"这个"恶俗广告"，一坚持就是十多年。他坚持的理由并非品味低下，在学习数学出身的史玉柱眼里，广告的投放需要一个"沸点"。许多广告成为"煮不开的温水"，就是因为缺乏偏执，最终功亏一篑；另外精于计算的史玉柱也明白，一旦达到"沸点"之后，只需要不多的"火力"，水就会保持沸腾的状态。

真理往往掌握在少数人手里，史玉柱就是在倾盆而下的口水中把脑白金用最低的广告制作成本达到了影响力最大的高度。

1991年春节前夕，当时还是温州金城实业公司驻长沙办事处主任的王均瑶赶着回家过年。因为买不到火车票，就与几位同乡包了一辆大巴回家。去温州的山路不好走，汽车在1200公里的漫长山路上颠簸前行，把一伙人累得够呛。王均瑶随口感叹了一句："汽车真慢！"旁边的一位老乡挖苦说："飞机快，你包飞机回家好了。"说者无心，听者有意。别人眼里的一句讥讽，却是对王均瑶的当头棒喝。这位爱思索的年轻人开始反问自己："土地可以承包，汽车可以承包，为什么飞机就不能承包？"小小的打工仔王均瑶决定要"自不量力"一番。

在全世界的白眼中，王均瑶义无反顾地踏上了"包机"的道路。他独自一人筹划了很长一段时间，而后又进行了长达八九个月的走访和市场调查，并与有关部门沟通。首先，他说服了湖南省民航局：温州——长沙的航班客源充足。他调查到至少有1万左右的温州人在长沙做生意，并且温商不仅把时间看作金钱，还把精力消耗列为一项经营成本；另外，为了消除民航局对于经营风险的担心，王均瑶采用了"先付钱，后开飞"的合作模式。"我先把几十万元钱押给你们，等于每次先付钱，后开飞，这样你们就'旱涝保收'了。"这句话打动了民航局。

在跑了无数个部门并盖了无数个图章后，温州——长沙的包机航线终于开通了。1991年7月28日，对王均瑶来说是个值得纪念的日子。随着一

架 "安24" 型民航客机从长沙起飞平稳降落于温州机场，中国民航的历史被一个打工仔改写了。

可以设想，如果王均瑶迫于群体压力，在大家都认为不可能的时候屈服了，那我们的民航史上就又少了一次壮举。正是因为他坚持走自己的路，不理会别人的冷嘲热讽，并且坚强地扛住重压，所以他成功了。

时装大师可可·香奈儿小姐当年也曾风华绝代，艳冠群芳，身后自然追求者无数。其中的钻石王老五也不在少数，如英国的威斯敏斯特公爵就是其中一位。公爵曾经怨恨地问香奈儿小姐："怎么？公爵夫人这个头衔你都不喜欢吗？"香奈儿小姐机智地答道："世界上有很多位公爵夫人，可是可可·香奈儿只有一位！"后来她终身未婚，可可·香奈儿的名字也比任何公爵夫人的名字都更响亮，焕发出了坚强、独立和自信的独特光芒。到现在，香奈儿品牌还是靠着它本身的固执、坚持己见和始终如一引领着潮流，并屹立于时尚的顶尖。

意大利文学家但丁说："走自己的路，让别人说去吧。"现代创意派网友搞笑说："走自己的路，让别人无路可走！"其实有了坦荡荡坚持自己道路的决心，我们的道路必定会越走越宽。

自 我 提 升

高效能人士认为：很多时候我们是被别人口中的不可能、好恶和恐惧压倒了。只要你坚持走自己的路，就会找到自己的人生位置。

7. 你自己就是最好的机遇

卡耐基有这样一段关于机会的话：

"不要以为机会像是一个到家来的客人，它在你门前敲着门，等待你开门把它迎接进来，恰恰相反，机会是不可捉摸的，无影无形，无声无息，它有时潜伏在你的工作中，有时徘徊在无人的角落里，你如果不用苦干的精神，努力去寻求、创造，也许永远得不到它。"

机遇带有很大的隐蔽性与时效性。人人都能预见到的不称其为"机遇"，错过时间也不是"机遇"了。俗话说，机不可失，时不再来，就是这个道理。

一个成功的百万富翁说："看到机会并不会自动地转化为钞票——其中还必须有其他因素。简单地说，你必须能够看到它，然后你必须相信你能抓住它。"

大的机遇不可能天天遇上，但小的机遇却常常出现在我们的身边。这些机遇既没有太大的风险，又能为展示你的才能提供机会，千万不要错过这些看似小的机遇。因为一个人尽管很有才能、各方面都很棒，也还需要一个展示才华的舞台。"是金子总要发光"，这话固然不错，但是，如果你不去主动寻找"发光"的机遇，可能就要错过出人头地的时机，或许一生都将被埋没。

机遇不是很多，也不是很少。它总是同向或逆向与我们擦肩而过，偶尔会在一瞬间闪烁一下。我们每一个人一生下来，就已经拥有了最大的机遇。你自己就是你最好的机遇。只要点亮自己的灯，不管外面是不是有可以借助的灯光，我们都可以把自己照亮。

如果你认为自己现在还很穷，甚至努力了也不能脱颖而出，那么，你还是自查一下，看一看自己是否总是屡屡错过机遇。

机会是一种稍纵即逝的东西，而且机会的产生也并非易事，因此不可能每个人什么时候都有机会可抓。机会还没有来临时，最好的办法就是：等待、等待、再等待。在等待中为机会的到来做好准备。耐心等待机会，你就能在意想不到中获得成功。

一位经济学专家站在讲台上，给自己的学生讲述自己的亲身经历：

我刚到美国读书的时候，在大学里经常有讲座，每次都是请华尔街或跨国公司的高级人员讲演。每次开讲前，我发现一个有趣的现象，我周围的同学总是拿一张硬纸，中间对折一下，让它可以立着，然后用颜色很鲜艳的笔大大地写上自己的名字，再放在桌前。于是，讲演者需要听者回答问题时，他就可以直接看名字叫人。

我当时不解，便问旁边的同学。他笑着告诉我，讲演的人都是一流的人物，当你的回答令他满意或吃惊时，很有可能就暗示着他会给你提供很多机会。这是一个很简单的道理。事实也如此，我的确看到我周围的几个同学，因为出色的见解，最终得以到一流的公司供职。

确实，在人才辈出、竞争日趋激烈的时代，机会一般不会自动找到你，只有敢于表达自己，展示自己，主动为自己创造机会，幸运之神才有可能寻找到你。

举世著名的国际巨星席维斯·史泰龙，在尚未成名前是一个贫困潦倒的穷小子，当时他身上只有100美元，唯一的财产是一部老旧的金龟车，那是他睡觉的地方。

史泰龙心目中有个梦想，想要成为电影明星。好莱坞总共有500多家电影公司，史泰龙逐一拜访，却没有一家公司愿意录用他。面对500多次冷酷的拒绝，他毫不灰心，回过头来又从第一家开始，挨家挨户自我推荐。第二次拜访，500多家电影公司当中，总共有多少家拒绝他呢？答案还是500多家，仍然没有人肯录用他。

史泰龙坚持自己的信念，将一千次以上的拒绝当作是绝佳的经验，鼓舞自己又从第一家电影公司开始，这次他不仅要争取自己的演出机会，同时还要推荐自己苦心撰写的剧本。可是第三次的拜访，好莱坞所有的公司还是拒绝了他。

史泰龙先后总共经历了1855次严酷的拒绝以及无数的冷嘲热讽。天道酬勤，总算有一家公司愿意采用他的剧本，并聘请他担任自己剧本中的主角。这一次机会奠定了他成为国际巨星的基础。

在日常生活中，有些人总希望有一个突然的机遇把自己从"地狱送到天堂"，眨眼之间变成富人。但事实上，只有一小部分机遇是靠侥幸得到的，更多的是要靠自己的努力和实力去争取，主动去创造出来。机遇是珍贵而稀缺的，又是极易消失的。你对它怠慢、冷落、漫不经心，它也不会向你伸出热情的手臂。主动出击的人，容易俘获机遇；守株待兔的人，常与机遇无缘，这是普遍的法则。你若比一般人更主动、更热情的话，机遇就会向你靠拢。

一家软件公司派两个女孩去参加一个电子产品展销会，临行前他们用心准备了名片。展销会上，两人极力推销产品的同时，不停地发名片、收名片。结果，两人发出的不少，收到的却不多，因为卖方太多而买方很挑剔，不愿主动发名片。

两人的不同在于，其中一个女孩获得了许多买方的姓名和电话。原来，她在给人发名片的同时，将自制的空白名片递上："请您留下联系方式，好吗？"看到她诚恳的微笑，很少有人拒绝她的请求。

展销会结束后，一个女孩等待她发出的名片能够带来喜讯，可是她失望了；而另一个女孩按空白名片上的地址、电话主动出击，有了很多客户。

传说,有两个人偶然与酒仙邂逅,一起获得了神仙传授的酿酒之法:米要端阳那天饱满起来的,水要冰雪初融时的高山流泉,把二者调和了,注入深幽无人处千年紫砂土烧成的陶瓮,再用初夏第一张看见朝阳的新荷覆紧,密闭七七四十九天,直到鸡叫三遍后方可启封。

就像每一个传说里的英雄一样,他们历尽千辛万苦,找齐了所有的材料,一起调和密封,然后潜心等待那个时刻。这是多么漫长的等待啊!

第四十九天到了,两人整夜都不能寐,等着鸡鸣的声音。远远地,第一声鸡鸣传来了,过了很久,依稀响起了第二声。然而,该死的第三遍鸡鸣迟迟没有来。其中一个再也忍不住了,他打开了他的陶瓮,迫不及待地尝了一口,然而他惊呆了:这酒像醋一样酸。大错已经铸成不可挽回,他失望地把酒洒在了地上。

而另外一个,虽然也是按捺不住想要伸手,却还是咬着牙,坚持到第三遍响亮的鸡鸣传来。打开陶瓮,他舀出来抿了一口,大叫一声:"多么甘甜清醇的酒啊!"

只差那么一刻,"醋水"没有变成佳酿。许多富人,他们与穷人的区别,往往不是机遇或是更聪明的头脑,只在于前者多坚持了一刻——有时是一年,有时是一天,有时,仅仅只是几分钟。

机会是现成的吗?就像河塘里的鱼只等着你去捕捞?不,很多时候,你是看不到机会的,这里需要的是你的主动性,你要自己动手,创造机会,哪怕这种可能性只有万分之一。等待好机遇才做事的人,永远不会成功。

自 我 提 升

机遇最初是空白的。如果能力能够让我们跑得足够快，那我们可以快速地去竞争面前的机会，可一旦能力有限，无论如何努力都落在其他人的后面，倒不如耐心发掘身边的土地，种植自己的果树，只要汗水够了、时间够了，赢来的可能就是经年的回报。

第三章

拖延毁灭效能，最后的期限就是"今天"

1. 别拿时间当幻觉，设个时间限制

"自我设限"就是在自己的心里面默认了一个"高度"，这个"心理高度"常常暗示自己：这么多困难，我不可能做到的，也无法做到，成功的机会几乎是零，想成功那是不可能的！"心理高度"是人无法取得成功的重要原因之一。

在这里，我们将自我设限这个词语的含义表面化，即强制性地给自己设置限制。"最后的期限就是今天""我一定要马上做完"，这些话常常都表现出我们在时间上给自己所附加的要求。而拖延者常常对这种自己与时间的关系表现出恐惧的心理。

亚里士多德有一个著名的"倒树疑问"："假如一棵树在森林里倒下，在旁边没有人的情况下，是不是会发出响声？"他对时间的理解同样

没有确定的答案，他质疑道："如果没有人来测定时间，时间还存在吗？"对此，牛顿相信时间是绝对的，不管有没有人注意到它，时间始终存在。

很多拖延者都喜欢"时间是幻觉"这种概念，不重视给工作附加一个时间概念，而随着最后期限的日益临近，时间却在一直流逝。

每一次当你过生日的时候，它总是标志着你距离生命的起点又远了一年，离生命的终点又近了一年。我们应该把我们的每一份工作、每一个任务的完成时间都具体到某个时间点上，这样我们才能避免时间被拖延、被浪费。

当我们沉浸在某件事情中的时候，我们应该知道自己什么时候开始，什么时候结束。拖延者常常失去时间感，他们总是挣扎着过活。

著名的心理学家、社会学家津巴多对时间概念进行了全面的研究，认为人们是参照过去、现在和未来的不同坐标来感知时间的。如果人们开始被其中的一个时间点局限，那么这种生活观念和生活态度常常会表现出一定的偏差。只有将时间合理地划分和规划，才能让各个时间点得以平衡调控，让人被生活和社会所接纳。

如何进行时间规划，并给自己设置时间限制呢？

高效能人士认为，我们应该从这两方面入手——现在和未来。

其一，掌控现在。

任何事情的起因、发展以及结束都与现实环境有着莫大的关系。我们应该掌控好我们的当下。

Frank一直沉浸在他过去的成功中。他曾经是一个天才运动员，非常成功并受到欢迎。作为一个大学篮球明星，Frank也一度幻想自己能够一路走向NBA的赛场。但腰部的一次受伤，让他的篮球生涯被意外终止，从此，Frank开始变得异常迷茫了。其实，他也做过很多尝试，比如去一家软件公司做销售。在那里他乐于助人，受人爱戴，但是在工作中却总是错过最后期限。他经常习惯性地将手上的工作无限延期，并对一般的行政工作表示出十足的厌恶情绪，他讨厌那些为了工作而失去自我并忙得不可开交的人。他总抱怨地说道："他们在自己的生命中从来没有做过什么具有特殊意义的事情，从来没有听到过自己的名字在体育馆中回响。"

Frank总是沉浸在他过去的辉煌之中，但不管怎样，现实的他却总是不够顺利，工作的碌碌无为让他总是感到旁人对他的不在乎。也许，一直到最后，Frank才会发现，原来过去早已经过去了，现在才是他生活的重点。过去的生活或许能够给他带来一些心理上的安慰，但这种心理安慰却是对现实的一种逃避。

我们每个人都应该重视自己当下的情况，我们应该了解自己正处于一种怎样的状态、现实情况对自己有着怎样的要求。比如你手头上资金奇缺，而你的家庭目前又需要一笔很大的资金用于其他重要的地方，这样的现实情况就要求你努力去赚钱，并因此制订一系列目标，将其付诸实际行动。

一味沉浸于过去的美好经历或者痛苦的回忆之中，对人们现实的情况根本毫无帮助。只有勇敢地去面对现在的处境，才能为了实现更美好的未来创造有利的条件。

其二，规划未来。

对一个目标来说，重要的是规划而非不断地憧憬。规划未来，具体可以理解为为了实现未来的目标和梦想而进行一个有条理的规划和时间安排。对此，我们应该着重注意以下几个方面：

（1）将整体分为小块。

如果人们总是把目标的实现看作一个整体的过程，那么这就很容易造成拖延，因为当事者总是难以了解这个目标的具体进度，明明离那个终点还有很远很远的距离，但人们却因为在自己心中没有一个明确的概念，以为离成功很近很近了，从而相应地产生一种自满自得的无所谓的心态。这对人们的工作是有害的。

把整体划分为小块，这就如切蛋糕一样，只有把一个看上去很大的蛋糕切成了几个小的部分，人们才会发现分到自己手头的那部分是那么小。原来看起来大的东西，在现实中往往是经不起细分的。我们应该把手上具体的工作按照工作要求分为多个行动步骤，这样才方便我们分阶段、有条理地去完成它。

（2）设定每个时期的工作量。

一个工作任务的完成必定是通过很多阶段的叠加而得到的。整体固然重要，但具体的每个阶段也不可小觑。我们应该为自己设定每个阶段的工作量。

如果已规定好了今天应该做什么，那么这就是目前人们应该去完成的事。既然是应该今天完成，如果被拖延到了明天，甚至更远的以后，那么这个规划就是失败的，即使对于整体情况来说，这也许无关紧要。我们应该看到自己当下应该做什么，对每个时期的工作要及时地去完成，而不是总把眼光投向结果。

（3）保持紧张、积极的心态。

这里的紧张并非是消极有害的紧张，它可以理解为一种动力、一种促使人们认真地面对工作的积极心态。

成功学大师拿破仑·希尔说："积极的心态，就是心灵的营养，这样的心灵，能吸引财富、成功、快乐和身体的健康；消极的心态，却是心灵的疾病和垃圾，这样的心灵，不仅排斥财富、成功、快乐和健康，甚至会夺走生活中已有的一切。"如果我们在工作中没有一种紧迫感和紧张感，那么我们就很难在目标的实现过程中投入全部的精力，很容易因为疏懒、大意带来拖延，使得在最后期限到来的时候，完成不了任务。

　　我们可以学习高效能人士，时常给予自己"时间紧迫"之类的心理暗示，或者可以在一些目光所及的地方——床头、工作台上——贴上一些小纸条，写上工作期限和相关要求的话语，这可以让我们在任务最终完成之前，得到努力工作的动力，从而使得自己完美地完成任务。

2. 拒绝宽容自己，我没有"下一次"

　　许多的拖延者虽然已经意识到自己存在拖延行为，也极力想改变这种状况，但是努力改正之后还是改不掉，还在一味地拖延，这也让我们百思不得其解。每当自己决心改正的时候，还是抵制不了拖延的诱惑，拖延的根源究竟是什么呢？

　　诚然，拖延行为的产生是很多因素共同作用的结果，拖延不是那么容易摆脱的。我们不能说拖延的产生仅仅是因为周围环境和他人的影响，因为外因是不能直接作用于所有事物的，必须通过内因起作用，所以，拖延行为的产生更大的原因是我们自己的原因。

　　那么，拖延行为的产生根源是什么呢？

　　我们知道，拖延行为是一次一次的循环，在这个循环的过程中，一个重要的现象就是：我们不断被宽容，不断地拖延。这种宽容不仅是来自自己的，还有来自他人的，这也是拖延行为一次次重复发生的重要根源。

　　朋友小张有几次大倒苦水，说他明知道自己会不自觉地拖延工作，但就是不知道自己拖延的原因。他总是在工作的时候不急于开始，结果到了工作期限，往往会完不成任务或者会草草了事。问他对于工作结果是怎么想的，他回答说即使没有完成老板也不会责骂我，因为老板说周一要完成，但是往往周三才会追问。因为老板对于草草了事的任务不会过多地责骂，对于完成得很好的工作也不会过多地表扬，所以他不会有很大的压力要去完成任务。

从小张的经历看，他之所以会拖延，其中一部分的原因就是不断地被宽容，不论是来自自己的宽容，还是来自老板的或者他人的宽容，都促使了他的拖延行为的产生。

我们往往会为了宽容自己做错事而找各种各样的原因，这些原因往往不是真正的原因，而是借口。也就是说，对于一件我们没有做好的事情，我们会选择一些无关紧要的理由来说明那不是自己的失误，从而原谅自己、宽容自己。

我们可能会遇到这样的状况：明明是自己没有在规定的时间内完成任务或者是拖延到最后才完成，我们却这样宽慰自己："因为我这一段时间身体不舒服，情绪不对，所以才迟迟未能完成我的工作"，或者"因为我和男朋友分手了，心情不好。下次我一定早点完成我的工作"。这样的想法我们并不陌生，也许时常会出现。类似这样的原因就是我们在为自己的拖延行为作辩解、找借口。

我们即使心情不好，也可以坚持完成我们的工作。我们在等待最佳的时机、自己最好的状态来完成我们的工作，可是我们根本意识不到所谓最佳的时机是不存在的，即使时机不佳、心情不好，我们的大脑和身体还是能够正常运行的，哪怕是开始做一点点的工作，也是一个好的开端；然而我们却为了等待最好的时机，浪费了太多的时间。就是因为这样一个和工作有一点点关系的原因，却被我们抓住不放，来宽容自己的拖延行为，虽然这样一来，我们心里对于拖延就会少一些负罪感，结果却是放纵自己，一次又一次地拖延工作。

宽容自己，使我们的心里少了一些对于没能完成任务的愧疚，能够平和地对待这次的任务，也能够满怀信心地迎接下一次的工作。那么，下一次的工作我们还会不会像上一次那样拖延呢？也许我们会在开始下一次的工作时告诫自己不能再拖延，要不就不会原谅自己了。然而事与愿违，尤其是当上司也不会太在意你的拖延，会给你延长一段时间让你去完成任务时，我们更容易拖延了，而且这更加纵容了你的拖延行为。

他人对于自己拖延行为的宽容是一种更加明显的催化剂，也是我们的拖延行为得以一次次发生的重要原因。我们往往会这样想：上司都不在意我在期限之后完成工作，我又何必在意呢！最后我们就更加肆无忌惮。

还有一种情况是老板也存在拖延行为——他说要在周二之前完成，但一般都会在两三天之后才会来看我们的工作成果，于是我们就会认为即使到了周二也还会有很长的时间可以用来完成工作。这样，自我宽容，他人的纵容，使我们的拖延行为有了肥沃的土壤，生根发芽，时间久了，想把它拔除，已经很难了，甚至悲观一点地说，已经不可能了。

"这一次我虽然没有在规定时间内完成任务，下一次，我一定早点开始工作，争取做到最好。"

"这一次……下一次……"

想一想这些话真的太常听到了——下一次要怎么样怎么样——可当下一次到了的时候往往还是一样，仍然在说"下一次"。我们一次又一次地宽容自己，一次又一次地期待下一次，希望下一次改变自己的状态。

这样的结果是自己只能一次又一次地原谅自己的拖延行为，最后挣扎在拖延怪圈中，而这种宽容也是维系拖延怪圈的根系。

"下一次"不仅表明拖延者已经认识到了自己的问题，而且也表明他要改变这一状况，可是下一次为什么还会重蹈覆辙呢？

这就是"下一次"的魔力。它是一种自欺欺人的想法，它让你宽容自己，让你正视下一次的任务，可是它没有告诉你要将想法付诸实践，只是在内心给了你一个希望，让你将这一次没有完成的遗憾寄希望于在下一次弥补回来。然而你却没有想过，下一次时你是不是还在期待"下一次"，以及究竟有多少个下一次。

就是因为"下一次"是源源不断的，"下一次"看起来没有尽头，我们才一次又一次地放过这一次，期待"下一次"。"下一次"让我们着魔，让我们不断地去拖延着我们本应该这一次完成的任务。

高效能人士的字典里，是没有"下一次"的——不论是自己宽容自己，还是来自他人的宽容。

自我提升

我们的思维方式就是这样，很难为他人不好的习惯找借口，但却特别容易去为自己找借口，而且是想方设法地找各种借口来证明自己没有失误。我们知道我们总是在为自己的拖延行为辩解，也知道宽容自己是我们一次又一次挣扎在拖延泥沼中的原因，要做合格的高效能人士，就要阻止这种自欺欺人的宽容，将拖延连根拔除。

3. 甩掉自我强迫，你不需要完美得可怕

司马迁在《史记·田叔列传》中写道："夫月满则亏，物盛则衰，天地之常也。"可见物极必反是自然界普遍存在的一个规律。对于拖延来说，也正是如此——过度地珍惜时间，强迫式地不拖延，到最后反而会适得其反。

"这文件是不是还做得不够好？" "我还可以继续。"生活中，人们常会出现这类强迫自我的行为，过度地要求自己，从而导致了强迫症的出现。它会使人产生焦虑、恐慌等多种不良情绪。比如有的病人因为卫生问题，每天要反复洗几十次手，到最后手上的皮都给搓破了；还有的人出门至少要检查三四次，看门是否关好了，甚至为此干脆不出门。强迫症的不良表现，使得人们的生活、工作总是维持在原点，严重地耽误了时间、浪费了时间。这是拖延的另一种表现。

很多人都想尽力做到最好，可是缺乏自我调整和规划的意识，让他们在不知不觉中反而成了拖延的"患者"。长期下去，因为当事者本身难以意识到，所以其带来的危害是非常严重的。

我们把可能的现象分为如下几种情况：

劳累带来效率的低下

尽力去做，反反复复，总是在小细节上吹毛求疵，却根本没意识到事情已经完成了。过度地追求完美，反而造成了更多时间的浪费。因为我们的身体能量总是有限的，反复的强迫会造成视觉和感官上的疲惫，使得人们难以继续维持好的状态去着手下一份工作。劳累带来了工作效率的低下，造成不得不为之的拖延。

小王是某公司高管，在负责某一个项目施工的时候，他总是要求手下员工凡事做到尽善，并且喜欢亲临现场，查看每一个施工细节，只要稍有不合理之处，小王就会要求重新再来一次。结果在实际的项目提交中，小王负责的施工项目总是公司里最后完成的，而且因为对手下员工过度苛责，也造成他的项目质量并不尽如人意。小王受到了领导的批评，他自己也因为高强度的工作压力，后来不得不辞职了。

从小王的工作来看，他的自我强迫，不仅仅造成了工作效率的低下，也让自己和手下员工身心俱疲、十分劳累。他不想浪费时间，但却因为过度的要求，反而拖延了工程进度。其实凡事不可能做到完美，适度地接受工作中的不如意之处，在很多时候反而会取得更好的效果，这对于当前和以后的工作都是很好的。

状态不佳，造成失败

很多时候，失败并非人们可以预料的，这种不可预见性在某种程度上是源于自我信心的过足。

"我会完美地完成这个任务的"，这是一种过度要求自己的态度。一些完美主义者总是在工作任务中，不断地要求自己做到尽善尽美，这样的渴望让他们在每一个小细节上不停纠结着："是选一号方案，还是二号？""蓝色和黄色与哪种颜色搭配更好？"反复的纠结让他们的视野逐渐变得狭窄，心情变得压抑。其实只要休息一会儿，就能够找到灵感，但是因为他们总是害怕浪费时间，哪怕只是一小段时间，因此他们的意识不断地要求着自己继续坚持，直至最后造成他们的身心不堪重负。如此下去，最终大多数的工作结果无疑是失败的，失败的原因也正是来源于他们对自己的严厉。

不可预料的失败就这样诞生了，但是人们往往难以察觉到这些失败的根本原因。人们普遍不会从自我的状态问题上找寻原因，而是陷入失望和自认为不如人的阴影，带来情绪上更多的焦虑和恐惧。其解决方法，归根结底不过是休息一会儿或者睡一觉再去工作。

长期下去，身体遭受损害

研究表明，强迫症是导致自杀的重要原因。有的强迫症患者最终自杀，还有很多的强迫症患者曾有自杀的想法。强迫症是仅次于因事故造成死亡的第二位死因。而在临床中也证实，强迫症可能会引起冠心病、脑中风、糖尿病、高血压、高血脂、痴呆症等疾病。不仅如此，患强迫症的女性还会大大增加患乳腺癌、宫颈癌等疾病的风险。

强迫症的危害是不言而喻的，患者总是事事渴望完美，进而造成情绪上的压抑，精神力高度集中带来更多的抑郁和恐慌。人的身体资源是有限的，需要不断地进行自我调理和休息，才能将很多有损健康的物质杀灭或者排出体外。我们应该充分认识并理解到强迫症将会给我们带来什么，并学会在一定程度上进行预防和自我控制。等到身体真的因为过度索取而出现重大疾病之时，那时可能已经晚了。

影响个人发展和人际交往

研究表明，强迫症患者往往活在悲观的世界里，反复进行内心斗争，一边责怪自己，一边责怪着外围世界，不断追问、剖析，越陷越深，不能自拔，严重影响个人发展。这对他们的前途是极其不利的。从根本上来说，当事者渴望获得成功，并坚持努力，但在过程中，不当的方法却带来了适得其反的功效。这就好比一段期望很高的奋斗之旅，但在最后却收获了更大的失望，无论在个人情绪上，还是在个人发展前途上，影响都是不可预料的，会带来难以估量的危害。

而临床研究也证实，强迫症患者的精神面貌或者其行为都会很大程度上影响到家属、朋友的情绪，周围人如果与强迫症患者待的时间过长，也会被强迫症患者的强迫情绪感染，给家庭关系和人际关系造成极大的负面影响。人们总是过度地要求自己，并把对自己这份苛刻的严厉，当作周围人也理所当然应该具备的，这造成在很多具体交往的过程中，他们总是与亲人和朋友因为沟通不畅而产生这样那样的矛盾和误解。长期的积压，使强迫症患者更加深陷到自己的世界中，也没有一个轻松、自然、愉悦的外部环境作为自己的休息之所，使得强迫越来越严重，个人的人际关系也越来越糟糕。

学会对自己说"不"

凡事莫强求，放下手中的事，闭上眼做一次简单的深呼吸，或者跟周围人做一次心贴心的畅谈，一切不良后果就能够被遏制。其实，治疗强迫症就是这么简单。

工程师小李出现了强迫症，他说："我走路会不自觉地数自己的步数，而且一定要走到地砖的格子里，不能踩到线，一旦踩到线就会像踩到地雷一样难受。"其实人生就如同走路一样，只是有的人过分苛责自己，就像小李的数步数、踩格子，而在他们因为这些小事而纠结难受的时候，前面的人早已超越了他们。

对于这类强迫症的预防和自我控制，可以从以下几点进行：

（1）学会坦然和接受，不优柔，不迟疑。

（2）多从事情的全局上把握做事的要领。

（3）养成规划的好习惯，做事前提前做一份计划表，并适时执行。

（4）时常休息，把更好的身心状态投入到工作和学习之中。

自 我 提 升

高效能并不是对自己的强迫，相反，只有适度地降低对自我的要求，适当地"浪费"时间，才可以使时间得到更好的利用。莫要到了拖延早已成为顽疾的时候，才意识到自我的强迫已成为了一切不幸的根源。

4. 做你害怕的事，不做只会更害怕

恐惧，是指一种人类和其他生物的心理状态，它通常也是情绪的一种。恐惧是因为周围有不可预料、不可确定的因素而导致的无所适从的心理或生理的一种强烈反应，在现代社会中，恐惧存在着诸多不良后果。

事实上，很多人之所以选择了拖延，正是因为恐惧。比如，因为害怕犯错而不敢再去尝试某件工作，因为害怕某件事可能导致的不良后果而选择了把这件事的完成期限无限推后，这些都是因为恐惧而迟迟不愿意完成手头上要紧工作的典型例证。

小齐和小楚在合资经营一家酒店，在酒店刚开业的时候，小齐主要筹钱，小楚主要贡献自己的管理经验，他们各有酒店的一半股权。这几年，在小楚的管理下，酒店经营业绩越来越好，已经到了可以开连锁店的地步。可是，事情发展到了这种阶段，小齐却不开心了，他总是拒绝小楚提出的开连锁店的想法，并经常主动阻止酒店进一步扩大经营。

出现这样的现象，其实原因很简单——小齐内心很恐惧。因为他总是担心小楚在业务扩大、拥有更多资金之后，从这座酒店脱离出去，发展他自己的事业，而小齐对自己的管理经验又是始终极其不自信的。正是这些情绪影响着小齐，让他忘记了企业的发展壮大，对于作为股东之一的自己同样也是好事。

小齐内心对种种情况的恐惧和担忧，让两人的酒店不得不拖延了发展的步伐，面临着停滞不前的尴尬处境。如果小齐能够摆脱掉这种恐惧的心理，并且与小楚有一个良好的沟通，那结果肯定会大不一样，小齐也用不着总是陷入惶恐不安的情绪之中了。

战胜恐惧的一个前提是直面自我。所谓直面自我，指的就是作为当事者的人们，应该正确地看待自己、看待引发所有恐惧心理和情绪的自身原因。正如上个实例中的小齐，他直面自我的过程，就是应该认识到他的自私——即总想把小楚留在身边，认识到他的肤浅——即偏激地以为小楚可能会出现分离行为，还有认识到他的目光短浅——即不把自身管理素质的提高作为酒店发展以及个人发展的前提。

我们直面自我的过程正是一个需要我们不断地发现自身的不足、发现自我的缺陷的过程。只有当我们主动认识到了自己的缺点，才能因地制宜地去调整自己的恐惧，并再一次获得提升自己能力的机会。但这也需要个人有相当的胆量，需要一种莫大的担当勇气和奋斗不止的动力——因为承认自己的错误总是人们心理上最难接受的事，而在错误中反思并改正自己的这种行为，也常常只是少数聪明人的专利。

如何去战胜恐惧很关键，我们可以从下面这几个方面来做：

（1）从恐惧入手，反复强化。

当我们害怕一件事，并对其表现出十足的恐惧情绪时，这样的表现往往也意味着我们欠缺经验。正如在公共场合的演讲，如果一个人对于这种情况表现出担忧害怕的情绪，那么也意味着在这一方面，他的个人经验是十分缺乏的。这时，最好的调整办法莫过于反复地练习在公共场合的个人演讲。只有在拥有一次又一次现实的经历之后，经验才可以弥补他的不足，当到了真正的大场合，他们往往就不会如起初那般稚嫩了。

从恐惧入手，就是在事情的根源处去寻找恐惧的原因，并通过针对性的强化练习，以达到规避恐惧的目的。我们应该勇敢地去面对恐惧，这样我们才能真正战胜它。

（2）情景练习，熟悉过程。

在产生恐惧的心理时，我们可以通过对记忆中那些场景的模拟，给自己一些暗示，记住自己从不恐惧到恐惧的完整过程。当我们完全把握住整个过程发展的脉络，下次再面对相同或者类似的情况时，我们就能够做到处乱不惊，并且从容应对了。

拖延坏习惯的恶性循环之所以会发生，往往就是因为拖延者对过去的经历表现出淡漠和不关心。这种态度让当事者很难意识到自己到底在哪些方面有不足之处、应该怎样去加强自己。因为对过程的不熟悉，拖延者会在再一次经历上次所经历的拖延行为时，对眼前的事表现出如初见时的状态。

我们应该不断熟悉自己拖延、失误甚至失败的过程，分析原因，把握本质。这让我们可以自检、自励，为下一次的成功打下坚实的基础。

（3）从缺点入手，弥补不足。

人们之所以会恐惧，正是由于在他们的工作或者学习中，他们是有缺点和不足的。这是他们自己也很清楚的地方，所以当工作中需要使用到他不足的那一方面的储备时，恐惧的心理就会随之产生。

举个例子：在参加一门考试前，当堂考试科目的参考书一共有六章内容，可是直到考试之前，你却只复习到了第四章，那么后面两章就是你的"缺点"和"不足之处"了。当试卷到手之后，也许你会先忐忑不安地看看都在考哪几章的内容，并在心中暗暗祈祷"千万不要考后面两章"。如果你发现自己的复习内容已经完全够用了，那固然是好的，你心中原有的那点小恐惧也会烟消云散；但如果你发现所有的考试内容都是你还没复习到的那两章的内容，那你心中原有的一点点恐惧也会被无限放大，甚至到了让你胆战心惊的地步。

我们应该从让我们恐惧的那些缺点和不足之处入手，尽力去弥补它们。正如在上面这个事例中，如果到后来你还是挂科了，那么你在准备补考时，就应该多对你从前没复习到的那最后两章内容进行复习，这样才能避免因为拖延而陷入恶性循环的恐惧之中。

（4）主动避免不确定因素。

真正让很多人恐惧的，不是现实既定的事情，而是一切可能的不确定因素。当我们因为恐惧而开始拖延的时候，我们就应该看到一些不确定因素对我们拖延行为的引诱和"鼓励"。当下次再面临相似情境的时候，为了不再拖延，我们就应该对那些不确定因素主动进行躲避。这样，我们才可以为自己创造一个良好的个人生存环境。

1949年，一位24岁的年轻人充满自信地走进了美国通用汽车公司，应聘做会计工作，只因为父亲曾说过"通用汽车公司是一家经营得很好的公司"。在应试时，他的自信使会计主管印象十分深刻。当时只有一个空缺，而主管告诉他，那个职位很是艰苦难做，一个新手可能会一筹莫展。但那个年轻人却只有一个念头，即进入通用汽车公司。当主管雇用了这位年轻人之后，曾对他的秘书说过："我刚刚雇用了一个想成为公司董事长的人!"而这位年轻人就是1981年至1990年出任通用汽车董事长的罗杰·史密斯。

战胜恐惧、直面自我是一个高效能人士，应该对自己提出的要求。这个世界上本来不存在牛鬼蛇神之类的迷信事物，而真正能够让人有一种恐惧心理的，往往都是我们自己强加给自己的心理暗示。

自 我 提 升

只有勇敢地面对自我，理解并掌握恐惧的真实内涵，我们才能够以高效能的工作态度，去争取一个又一个新的机会。

5. 选择困难症？治愈起来也不难

在日常的工作和学习中，我们时常不得不面对这样或那样的选择，决定自己下一步该做什么、怎样去做。有选择权通常是一件好事，但让人举棋不定、难以抉择的局面却容易带给人们思想和精神上更多的困惑。

莎士比亚笔下著名的悲剧人物哈姆雷特就有过这样的时候——"是不是应该向我的继父，也就是我的叔父报仇雪恨？他杀死了我的父王，奸污了我的母亲"，"生还是死，这是个问题"。很多心理学家都把哈姆雷特的故事看作人类瞻前顾后和犹豫不决性格的经典案例。

"选择困难症"也称作"选择恐惧症"，其具体表现就是：当患者需要对一件事做出选择的时候，总是会异常地犹豫不决、瞻前顾后，迟迟做不出最后的决定。更有甚者，当面临选择时，还会感到痛苦煎熬、惊慌失措，甚至汗流浃背，产生极端的恐惧感。

小芳就曾经遭遇过这样的局面。因为工作"不顺"，小芳找到了心理医生。她在流水线上兢兢业业工作近6年，两个月前，领导准备提升她为部门主管助理。然而，这个难得的机会却成了她很大的烦恼，她拿不定主意要不要答应。因为她担心当助理就要管人，那样就会得罪人；而且她还了解到，助理的工作很随机，没有硬性规定和固定任务，似乎什么事都得自己决定，这让她很担心自己干不好。她非常想拒绝领导，但不知道怎么拒绝，也怕拒绝会让领导对她有看法，因此尽管很纠结，她还是很忐忑地上任了。不过她并不知道应如何开展工作，整天都觉得很烦、很彷徨。

除此之外，心理医生在咨询的过程中还发现，小芳在生活中，特别是在需要做出选择的时候，也经常会表现出犹豫不决的特点。比如和朋友去逛街之前，小芳常常会为穿哪件衣服而纠结半天；在帮母亲买菜的时候，因为对买哪些菜迟疑半天，而耽搁了母亲做饭的时间；甚至在家里安排相亲的时候，小芳总是纠结于要不要找男朋友、找一个怎样的男朋友这些问题，而白白错过了很多优秀的男生，一直到今天还是单身。

小芳的情况就是很典型的选择困难症，这种症状出现的原因表现在多个方面，大致可以分为如下几点：

(1) 追求完美主义，但过于偏激。

对于那些有选择困难症的人，他们中的大多数往往都是极度追求完美的人，并且总是习惯性地要求自己在众多选择中做一个单选——必须是极度理想化的选项。这些人也带有一定的强迫症和强迫性人格，他们往往追求自己心灵上的完美，并赋予当前选项过多的新的含义，最终导致自己难以做出实质性的选择。

（2）害怕承担责任。

很多人在去看电影的时候，常常会遇到这样的情况：电影院同时上映着3部不同的影片，小A问小B想看哪一场，小B回答说无所谓，但小A自己也犹豫着难以做出决定，最后他让小B随机选了一场并买了票。

这是一个非常有意思的场景。如果到最后电影很无趣，与两人的期望不符，小A可能就会抱怨小B决策的失误，但小B反而会觉得选择电影的权力是小A交给他的，小A也有责任。其实这种状况之所以会出现，根本原因还是在于两人都害怕承担选择可能会带来的不良后果，所以他们反复地对选择权进行推让。

当人们在面临一些人生中的重大选择之时，鉴于不同的选择所带来的深远影响，在具体的选择做出之前，他们可能会陷入一种格外的焦虑和担忧之中——每一个选择都看起来并非完美。即使最后做出了决定，但人们又会反复地思考自己这个选择的正确性、与其他选择相比所独具的优点。这种选择困难症就是来源于人们对于结果的害怕、对于承担责任的担忧。

（3）心智不健全。

对于成长于物质条件极其丰富的这个年代的年轻人来说，他们大多出生于20世纪80年代之后，这些从小被父母们娇惯着、疼爱着长大的人，他们遭遇的挫折和苦难往往是极其稀少的。但是在一个心智逐渐健全的成长过程中，必要的苦难能够带来经历的充实，让他们明白经历苦难可以得到勇敢、坚持等多种品质。而经历的欠缺，恰恰造成当下很多年轻人心智的不健全。当他们需要独自面对选择的时候，内心的柔弱和对父母的依赖往往会让他们不断地犹豫、不断地瞻前顾后，以及不断地拖延做出选择的进度，决定迟迟不能落下——选择困难症就这样泛滥了。

精神医学认为，选择困难症其实是对自我不满的表现，患者把对自己的不满"投射"出来，变相地折磨自己，并拒绝面对事实。

完美主义也好，心智不健全也罢，其实都是对自我不满的变相反映。但在生活这个游戏中，人们别无选择，为了有一个更好的未来，当事者也必须尽力去获取成功的筹码。只有不断努力，不断地调整自我状态、改善自我认知、改正自我的毛病，才能找到生命的意义。

治疗选择困难症，成为预防拖延出现的必要途径。我们可以从以下几个方面进行尝试：

（1）筛选出个人偏好。

我们常常围绕着健康、金钱、爱情、事业、友情、亲情这六方面不断旋转，这六点也构成了我们生活的主要方向，很多选择的展开大多也正是围绕着这六个方面来进行的。但是每个人都不可能同时得到这六种美好的东西，一个努力的重点和方向，可以避免让我们走入歧途、造成时间的浪费。

筛选出这六个方面中我们最为看重的那一点，它应该与你的个人兴趣息息相关。给予它足够的重视，会让你在再次面临选择的时候做出的决定更为果断和坚定；同时，因为犹豫带来的遗憾也将会随之变少了。

（2）量身定做，制定人生规划。

我们之所以会有选择困难症，很多时候都是因为我们对我们接下来应该走的路不清楚。当一种完整并符合自身要求的人生规划已经成了我们的口头禅时，那么当选择再次来临的时候，我们就可以对比自己的需要，根据选项及时快速地做出反应了，因为我们拥有了一份人生的指南，它给了我们明确的方向感。

（3）不为过去后悔。

过去了的事情，始终是不可能重新开始的，对于我们的选择，我们也应该抱着一种果敢的态度——"我做了对自己最好的选择。"最好的选择并不等于完全正确的选择，但在这个世界上完全正确的选择往往又是不存在的。我们没必要因为过去而后悔，因为决定做出的那一刻早已无法改变了；另外，总是沉浸在过去，也将给现实带来更多的苛责。活在当下，为了当下，我们又有什么理由为过去而后悔呢？

自 我 提 升

　　心理学家里昂·曼恩指出：犹豫不决是一种无效的决定复制策略。正如前美国总统罗斯福所说的"即使做的决定是错误的，也比不做决定要好得多。"我们的人生始终高速向前。

6. 打破二分法：成功之外不只是失败

　　二分法有很多种定义，在这里我们将讨论二分法的一般定义，即将所有的事物根据其属性分成两种。错误的分类可能导致逻辑谬论，如：非黑即白，不是忠的就是奸的。这很明显忽略了中间状态的存在。

　　对于成功与失败这两个概念来说，我们也应该不止看到它们独立而反义的自然属性，还要多考虑下成功与失败之间的其他情况。

　　比如在一件工作的实施和完成过程中，今天你失败了，那么并不意味着关于这件工作成功的可能真的离你远去了，也许在明天，在你重新做这件工作的时候，你又成功了；甚至当你在这件工作中遭遇失败的时候，你又在那个过程中实现了别的项目的成功。理性地对待成功与失败，可以让我们在工作中时常调整自己的方向和状态，取得更好的人生成就。

　　小明是公司某项目的负责人，一天，上级交给了他的团队一个策划任务。通过所有人的共同探讨，小明和他的团队制定了详细的工作计划，把这项策划任务付诸实际行动。可是在最后的报告会议中，小明的策划方案却遭到了领导的否决，因为他们觉得这项策划与公司的长远规划并不相符。于是在领导面前，小明当然是失败了。

可是这真的是一种失败吗？对于小明和他的团队来说，因为在这项策划中的集体努力，他们不仅在工作过程中使团队关系更加融洽，并且也提升了团队经验，这是成功的。对于这项策划本身来说，单独剥离它与这个公司的关系，也许在别的公司，它的构思和创意又能给那些公司带来惊喜，从这个意义上说，它可能也是成功的。

我们要打破传统的二分法，不应该把工作中的成功和失败放在对立的位置，并严格地区别和单独地对待。下面这些步骤很重要：

"除了成功，我们还有什么不足？"

当我们收获了成功的时候，我们也欣喜万分，以为自己的成功是无比巨大的。比如，一座化工厂的建立，对于当地政府来说，必定可以带来税收的提高，促进当地相关产业的发展，拉动地方生产总值的提升。这些都是成功，值得人为之庆祝。可是在这成功的背后呢？也许这份成功的得来，也换来了当地环境的污染、与周围居民关系的恶化。从这一面看，是一种情况，但换一个角度看，又是另一种情况。

古人曰："满招损，谦受益。"在成功的时候，我们也不应当因为这份成功太过骄傲，还应该反思除了这个成功的结果，在过程中我们还有什么不足。有则改之无则加勉，是我们应该具有的品质。只有这样，今天的成功才能换取未来更多的成功，产生增值效应。

"失败之外，我们得到了什么？"

人们从不鼓励失败，但也从未否定失败的作用。"失败乃成功之母"就是最好的诠释。遭遇失败，我们会产生糟糕的情绪——失望、不满，但切勿因此而灰心丧气，放弃了我们对于梦想的追求和对于成功的渴望。

在失败之外，我们经历了付出艰辛和努力的过程。具体而言，必定是在反复地去尝试达成一个个小的目标时，我们积累着经验——失败的经验。这是一种可以让人快速成长的东西，当然前提是你必须走出失败的阴影。结果并非可以决定一切的东西，让我们收获最多的是那其中的过程，这样的一个过程可以给予人们更多的启示——"为什么会失败呢？""我肯定还有什么地方没做好"，等等。这些都可以让我们下一次的努力过程变得更容易。

"我们的失败，就是真的失败了吗？"

许多人常常因为失败而丧失了前进的动力，这些人大多数都有其奋进而努力的一面，对于他们来说，失败往往并不是真的失败。

米开朗基罗和梵·高都是历史上最杰出的艺术家之一，但是正如我们所知道的那样，在他们活着的那个年代，他们都是"失败者"，无人欣赏他们的佳作，甚至梵·高还一度被认为是一个"精神严重错乱者"。可是这种失败却不是真的失败。现在的人们，当换了一种角度和认识再去欣赏他们的作品时，都不禁感叹两人作品美妙意境体现出的卓越成就。

换一种角度去看待失败，我们会发现那些所谓的失败，其实并非绝对的失败。比如积累了人脉、在其他相关的事情中收获了成绩，这些都有助于我们重整旗鼓、再次启程。

无论我们所努力实现的目标有多么重要、失败的经历是多么让人痛苦，自找担心这种行为都是不理性的。担心容易带来情绪上的焦虑、烦躁，更会导致行动上的迟缓，引发拖延。这种拖延，很大程度上是自找的麻烦。

我们常常有这些心理："时间不够用了，怎么办？""我肯定再也不行了""我做不好这件事"。这些心理都是把担忧的情绪无限放大，带来对自己的否定。正是因为这份担心，人们开始变得胆怯、懦弱，不想再去有新的尝试，从而放下了心中的渴望，放弃了对梦想的坚持；对于那些可以带来成功的机会，选择了不再如过去那般坚持；对于那些有能力在今天完成的事，选择了拖延。

我们应该明确地对这种担心说"不"，一个真正的高效能人士，始终坚持自我肯定的态度，把成功或者失败看作是人生的一次旅行——风景在路过时看过就足够了，它不是我们停滞不前的理由。

自 我 提 升

　　辩证法认为：世界上的事物是千差万别、无限多样的，事物间的联系也是纷繁复杂、多种多样的。不同的联系，对事物的存在和发展起着不同的作用。成功与失败，它们的产生和影响必定是复杂的，心态不同、角度不同，人们眼中的成功与失败也是不同的。理性地对待我们遭遇的成功和失败，是提高人生效能的动力。

7. 时间管理四象限，助你彻底戒拖

　　在日常生活中，我们常常需要做出这样或那样的选择。这些选择对我们的人生来说有着不同的意义——或大或小，或优或劣。

　　高效能的人总能做出理智的分析，找到那条最契合他们自身条件的路。这其中的关键就在于找到重点，剥离杂质。

　　这一过程主要有以下几点最为重要：

　　（1）根据目标，确定和区分不同目标的优先顺序。

　　（2）对于实现每一个目标所必须完成的任务和计划，也分别区分优先顺序。

　　（3）做优先的任务，完成优先的目标，克服拖延。

　　上面所强调的重点，无非是对于优先顺序的重视。在很多高效能者的经历中，他们对于工作和生活往往都有一个非常平衡的时间管理方法——工作与休息、事业的圆满与家庭的和睦，在这些矛盾的地方他们总是能找到一个平衡点。

我们在制定目标时，要列出完成这个目标的步骤和清单。只有当我们按顺序在规定时间内把这些事情做完之后，我们的任务才算完成。而良好的时间管理还能空出更多的闲暇，让我们可以去健身、与家人团聚，这就是成功者非常平衡的一种人生。

而对比那些不重视时间管理的人，他们常常都是在一些无关紧要的事情上忙得一塌糊涂，当面对真正重要的事情和环节时，极差的精神与身体状态会让他们没有更多的能力去完成那些任务，最终的结果当然是，他们落得个毫无收获的下场。

一个人怎样去管理他的时间以及目标和计划的合理制定与实施，都直接影响着最终的结果。

管理学中有一个非常重要的"二八定律"。其含义大概是，在任何特定群体中，重要的因子通常只约占20%，而不重要的因子约占80%，因此，只要能控制20%的重要因子，就能控制住全局。

符合"二八定律"的例子在我们的周围随处可见，例如，看报纸时80%的时间我们会花在20%的版面上，企业80%的利润只是来自于20%的产品，商场80%的销售额源自20%的客户，饭馆80%食客的点菜集中在菜单上20%的菜品上，等等。

因此找出最重要最优先的事情，是优化时间管理和提高工作效率的主要手段。这样我们就可以将时间花在最重要的20%的事情上，而不是在80%的小事上白白浪费了光阴。

但是在实际生活中，人类的本性常常是避重就轻，追求个人身心的满足，而忽略现实的要求。但是除非你真的制订了自己想要的目标，切切实实踏出第一步并且坚持下来，否则你将永远无法实现目标，目标永远是一个空想。

人的本性是做自己熟悉的事情、做自己习惯的事情、不愿意逃离舒适区，而那些重要的事情和自己真正想要的东西往往在人的舒适区之外，人做起来就备受挫折，于是，人们就喜欢拖延，把这些重要的事情拖到最后做，而先做那些自己喜欢的和感到舒适的事，这是人的本性。

比如在大学校园里最经典也是最常见的时间管理的例子——写论文。那些避重就轻者，也就是大多数人，他们会在规定的那一个月的时间里，用起初的二十天，甚至更长的时间去做自己喜欢做的事。他们会觉得写论文是需要漫长准备的一件工作，大量资料的查阅，会让论文的开始变得异常困难。除非在心底感觉到了充分的准备，他们是不会主动尽早去完成论文的。随着时间的拖延，当到了即将上交论文的时候，这些人才会恍然意识到时间的紧迫，而不得不开始动手。

"帕金森定律"对这种现象给出了解释——你永远会找出事情填满你的时间，就如同花钱一样，你永远能想办法花光你的钱，不管你买的东西是不是你真正需要的。

一个人的做事方法、做事态度，往往决定了他们的人生前景。因为在我们所面对的大多数事情中，很多东西都是可以掌控的，而时间管理恰恰是关系成败的重要一环。

优先做最重要的事情是很多人都知道的，但在实际中，我们还经常碰到重要性和紧迫性这两种互相冲突的事。有的事情虽不重要，但却紧迫，这样的局面会让人纠结于重要的事与紧迫的事谁更优先的矛盾选择中。

"时间管理四象限"定律对这种情况给出了很好的解释。这个定律的内容可以表述为：我们面对的工作任务有两个维度，一个是重要性维度，一个是紧迫性维度。这两个维度的地位是不同的，重要性是第一维度，紧迫性是第二维度，也就是说，重要性比紧迫性重要。

"时间管理四象限"定律告诉我们，当面临众多的工作任务时，正确的做事顺序是：

首先，做"重要且紧迫"的事情；

然后，做"重要但不紧迫"的事情；

接下来，做"不重要但紧迫"的事情；

最后，做"不重要也不紧迫"的事情。

按照所面对的工作的轻重缓急，一步步将行动与计划相结合，正确而合理的时间管理让我们的工作效率得以不断提高。那么在我们的生活中，很多拖延的借口都很难出现，因为我们的时间总是在日程表上得到了良好的规划，拖延的行为是难以发生的。

美国一家钢铁公司的总经理遇到了很多时间管理上的问题，比如，为什么公司总是这么忙、做事情效率总是这么低等等。他非常想让人帮助他分析和解决时间管理的瓶颈问题，于是就找了一个管理顾问。

这个管理顾问花了一段时间，天天观察这家公司的做事方法，最后给总经理提出了三条建议，并说："你可以先不付给我钱，你先根据我这三条建议做一段时间，如果有成效，你再来决定给我多少酬金。如果没有成效，你可以一分不给。"

两个月以后，这个管理顾问收到了一张两万五千美元的支票。实践证明这三条建议是非常有成效的。

其实，这三条建议非常简单：

第一，把每天要做的事列一份清单。

第二，确定优先顺序，从最重要的事情做起。

第三，每天都这么做。

第一条建议，无非就是一个清楚和了解工作任务的过程；第二条建议则是分清工作任务的轻重缓急，按照优先顺序开始工作；最后一条建议其实就代表了两个字——坚持。

　　其实我们的一生就是在干着和这位钢铁公司总经理相似的事，只是更繁琐更复杂。利用好这三条建议，也将给我们的工作和生活带来极大的好处。事事顺心、凡事尽善，代表的就是那样的结果。

自 我 提 升

　　只有分清轻重缓急，才能让工作完成变得高效，不会再因为中途的变故，引发时间的延误，导致拖延的产生。高效能的人都会完成优先任务、做最重要的事情，而不是把重要的事情放在最后去完成，这样才能节约更多的时间。

第四章

自制自控，别让外界干扰你的效能

1. 冲动不可怕，可怕的是控制不了它

冲动并不可怕，甚至冲动难免发生。可怕的是在冲动发生时，我们控制不了它。

三国时期，关羽和张飞都是勇将的典范。但陈寿在《三国志》中对他们的点评是："羽刚而自矜，飞暴而无恩。"张飞是典型的冲动型人格，他常常做事冲动，不计后果。例如，建安元年（196年），袁术攻打刘备以争夺徐州。刘备派张飞守下邳，当时下邳守将曹豹是陶谦的旧部，与张飞共事有很多矛盾。对此，张飞非但不能自我反省，反而在一怒之下肆意将其杀害。结果导致下邳城中人人自危，混乱不堪。后来袁术听说此事后，

便给吕布写信，劝其乘机袭击下邳。吕布果然率军来攻，中郎将许耽决计开门投降。导致张飞败走下邳，吕布由此俘获刘备妻小和诸将家属。本来刘备和张飞新入主下邳，民心不定，应该最大限度地寻求各方合作，但是张飞不仅不安抚民心，反而随意杀戮，导致下邳城不攻自破。

张飞的这一次因怒杀人使得刘备集团丧失了一次兴起的良机，并极大地延缓了其势力的发展，而后来的张飞之死也可以说是一次"冲动的惩罚"。

对于"冲动"这种行为，医学界还没有任何一种定义能够得到所有专家学者的一致认同。但人们普遍认为，"冲动"是行为系统不理智的各种表现。也就是说，是人的情感特别强烈和理性控制很薄弱的一种心理现象。

心理专家认为，由于情感和情绪在很大程度上是行为自发地形成的动力，因而自制力对于情感和情绪的作用最终体现于行为上，表现为是否能控制自己的行为。一个具有良好自制力的人，无论受到外界多大的刺激，都始终能把握理智的方向盘，并遵循理智的要求，实现对情感、情绪和行为的制驭；反之，缺乏自制力的人即使受到外界的微弱刺激，也可能因情感和情绪起伏而失去应有的理智，产生一系列消极行为。

高效能人士大都是能够把情绪控制得收放自如的人，在他们身上，情绪已经不仅仅是一种感情的表达，更是一种重要的生存智慧。

乔治·罗纳在二战期间被迫逃亡瑞典，之前他曾在维也纳当过多年的律师，人生阅历和生活阅历都很丰富。到了瑞典，他已身无分文，生存的压力迫使他必须找一份工作养活自己。

他学过多种外语，既能说又能写，因而他想到一家进出口公司找份秘书工作。他给很多公司写信，谈了自己的想法，请求他们录用自己，结果都被回信拒绝了。

其中有一封回信让他怒火中烧："你对我生意的了解完全错误，你既蠢又笨，我根本不需要任何替我写信的秘书。即使需要，我也不会请你。因为你甚至连瑞典文都写不好，信里全是错字。"

乔治·罗纳简直要被气疯了，于是他也写了一封信，想气气那个讨厌的家伙。他甚至想到了那个人看到这封信时，那种气急败坏的样子。然而就在要寄出这封信时，他转念又想，人家用这种难听的话表达意见，或许自有其道理。"我应该写封信感谢这个人。"于是他回了一封感谢信，感谢他指出自己的错误让他的瑞典文得到提高。

出人意料的是，之后他竟然被这家公司录用了。

冲动是魔鬼，它会把我们拖入痛苦的深渊，吞噬我们的人生；相反，如果我们控制自己的情绪，用平和的心这把"利剑"刺死冲动这个魔鬼，就能保卫心灵的净土。

冲动能引起人与人的冲突，将多年建立起来的良好人际关系彻底摧垮；冲动能使人冲垮理智的"堤岸"，干出种种蠢事，导演出一幕幕悲剧。

柯云和海燕合作出版一本书，柯云是个成功的生意人，脑筋动得快，但文笔却跟不上她的创意；海燕正好弥补她的不足。基于对柯云创意的欣赏，海燕满心愿意不计酬劳与她签下合同。合约中言明，她除了获得极微薄的酬劳外，一切权利归柯云所有。谁也没想到书出版后好评连连，海燕觉得很委屈。于是气冲冲写了封指责的信，强调柯云之所以有今日，应完全归功于她。海燕的鲁莽和冲动使两个人闹上了法庭，最后海燕没有胜诉，还失去了一个多年的老朋友。

海燕觉得遭好友背叛而受伤，冲动的行为阻碍了静心思考的时机。人一冲动就容易犯错，如果继续冲动，错误就会继续犯下去，更可能会越犯越大，直到不可收拾为止。我们经常听说这样一句话："聪明一世，糊涂一时。"有些错误犯下之后，若不知悔改，可能会遗憾终生。古往今来，很多英雄好汉就是死于冲动之手。

尽管冲动具有突发性，但也取决于自制力的约束程度。不良的欲望冲动产生之初，人的主观意识仍旧处在清醒状态，此时只要具有足够的自制力，就完全能克制与理智相矛盾的情感和行为的发展。驾驭情感，使行为与预定目标相一致，强迫自己执行正确的行为。对高效能人士来说，任何有害的冲动都是可制驭的，只有自制力弱的人才会成为冲动的俘虏。

自 我 提 升

要成为高效能人士一定要有自制力，要约束自己体内的冲动因子。俗话说，冲动是魔鬼。不加控制的冲动往往让人不能正确判断事物，任意妄为，从而引发种种不良后果。

2. 要影响别人，先控制自己

撒切尔夫人在谈到自我克制时说："所有成功的秘诀就在于自我克制，如果你学会了驾驭自己，你就有了一位最好的老师。如果你能向我证明你能控制自己，我就认为你是个有教养的人。缺乏这种品质的人，所有其他的教育都于事无补。"

高效能人士认为，自制力是征服放任的有效武器。一个著名的例子就是《钢铁是怎样炼成的》一书中描写的保尔·柯察金戒烟的故事。

有一次，一群青年就习惯能不能改掉这个问题发生了争论。有人说，习惯比人厉害。养成了就改不掉，抽烟就是一例。保尔不同意这种看法，他认为人应该支配习惯，而绝不能让习惯支配人。不然的话，岂不要得出十分荒唐的结论吗？这时有人挖苦保尔，说他吹牛皮。因为他明知抽烟不好，但并没有戒掉。

保尔沉默了一会儿，从嘴角拿下烟卷。把它揉碎，斩钉截铁地说："我绝不再抽烟了，要是一个人不能改掉坏习惯，那他就毫无价值。"从此保尔果然不抽烟了。

每一个不想使自己变得毫无价值的人，都应该像保尔一样，下决心依靠自制力跟自己的坏习惯做斗争，战胜对自己的放任。

而毫无自制力并放任自己恶习的人又会如何呢？

14世纪，有个名叫罗纳德三世的贵族，是祖传封地的正统公爵。他弟弟反对他，把他推翻了。弟弟需要摆脱这位公爵，但又不想杀死他，便想了个办法。罗纳德三世被关进牢房后，弟弟命人把牢房的门改得比以前窄一些。罗纳德三世身高体胖，胖得出不了牢门。弟弟许诺，只要罗纳德三世能减肥并自己走出牢门，就不仅能获得自由，连爵位也能恢复。可惜罗纳德三世不是那种有自制力的人，他无法抵挡弟弟每天派人送来的美食的诱惑。结果不但没有减肥，反而更胖了。

一个没有自制力的人，就像这个被关在铁栅栏中的囚犯一样。

伟大的德国哲学家黑格尔说："一个志在有所成就的人，他必须知道限制自己；反之，什么事都想做的人，其实什么事都不能做，终归失败。"这个"知道限制自己"就是人的自制力。而那些什么事都想做的人实际上是自制力很差的人。结果不免由于"一念之欲不能制，而祸流于滔天"，当然是终归失败。

　　有位犯罪心理学家曾经对16万成年犯人做过一项调查，并发现了一个惊人的事实。即这些人之所以沦落到监狱中，90%是由于缺乏必要的自制。缺乏自制者不仅会损害自己的人生，还有可能会伤害到别人的人生。而擅长自制者则能抵抗外部因素，塑造出一个全新的自己来。

　　西奥多·罗斯福被公认为美国历史上身体最健康且意志最坚定的领导人，他也常常自诩为"自我塑造的人"。但是这位政治家并非"生来如此"，小时候的罗斯福哮喘病缠身，身体虚弱得甚至无法吹灭床边的蜡烛。回忆童年，罗斯福总会这样形容自己："一个体弱多病的男孩"和"一段悲惨的时光"。

　　罗斯福在接受记者采访时说："关于我一生经历的各种战役，人们谈论很多。其实，最艰难的一场战役只有我一个人知道，那就是战胜自己的战役。"接着，罗斯福描述了这场驾驭自身的战役："只有通过实践锻炼，人们才能够真正获得自制力。也只有依靠惯性和反复的自我控制训练，我们的神经才有可能得到完全的控制。从反复努力和反复训练意志的角度而言，自制力的培养在很大程度上就是一种习惯的形成。"

　　罗斯福对自制力的训练贯穿了他的一生，也融入了他的日常活动中。即便是在总统任职期间，他也仍然坚持自己的实践训练。在他入住白宫的那些日子里，就像罗斯福自己所说的那样："我总是在下午尽量抽出几个小时进行体育锻炼——打网球或骑马，有时也行走在崎岖的乡间小路上。"在给朋友的一封信中，罗斯福写道："今天上午，在白宫接待处，我与6000人握手；下午，我与4个孩子及他们的十几个表兄弟和朋友们一起痛快地骑马两小时。我们跨越栅栏，穿过山丘，一起在平地上飞奔。"

　　值得一提的是，罗斯福一开始并不是一个有决心、有毅力，身体健康且意志坚强的人，然而自制力的锻炼使他最终成为人们眼中的伟人：他是美国历史上最年轻的总统；荣获"诺贝尔和平奖"；连续骑马超过100英里，亲自为军队示范他们应该具备的身体素质；胸部中弹后在被送往医院前，坚持演讲了90分钟；30多本书的作者……

所有这一切的成就，就像罗斯福自己明确表示的那样，很大程度上要归功于高度的自制力。

控制自己不是一件非常容易的事情，因为我们每个人心中都存在着理智与感情的斗争。

米拉波一次做关于马赛的演讲，几乎每句话都被不时的叫喊和辱骂声打断："这是诽谤！撒谎！该杀！恶棍！"诸如此类。面对难以入耳的谩骂和否定，米拉波没有失控，反而更加冷静了下来。他从容地中断了演讲，眼睛看着其中最为义愤填膺的人，用非常友善谦和的语气说："诸位，我等大家把这些话都说完，再向大家做报告。"这时，周围却突然安静了下来。

高效能人士的严格自制力使他们总能够表现出应有的理智，即使面对别人的有意冒犯他们也能够以宽容的态度来对待。

生活中，有人把自制看成是一种过于谨慎小心和缺乏魄力的表现，其实这种轻视自制力的想法是非常错误的。为了事业的成功，我们应该时刻对自己的思想和行为进行管理和调节。如此才不致头脑发胀，得意忘形，从而避免事业上的失误和精神上的痛苦。而且有严格自制力的人，对人对己都有比较客观实际的认识，做事专心致志，具有恒久的毅力，从不轻言放弃，这些都使他们更加容易成功。

乔治·赫伯特说："辩论的时候一定要冷静，因为情绪激动会使微小的失误变成错误，使真理变得无礼。"

如果你具有很强的自制力，你就不会急于对上司的新想法发表评论，或者你会告知客户你将在收集更多信息后再提出报价，而不是基于不完整的信息当场提供报价。

罗伯特从来不会不假思索就发表意见，他有一种控制自己言语冲动的本能，这使他在管理岗位上与上司和下属相处的时候摆脱了很多困境。他越是锻炼这种能力，就越是意识到时间可以让他有机会从多个角度观察情势。同事们都说，如果要找到一个能够从所有角度看待问题的人，非罗伯特莫属。

如果你的自制力较弱，就会在匆匆扫视过一项提议后急于给客户打电话，或者在没有考虑充分时就急忙对上司做出回应。回顾一下将你带入窘境的言行吧，避免自己再次陷入此类窘境。监督自己的言行，并找到方法避免此类言行，这就需要自我控制。

一个人要想做成大事，需要有稳定的情绪和成熟的心态。缺乏对自己情绪的控制，是做事的大忌。试想，如果你一会儿心情忧郁，情绪一落千丈；一会儿又怒火冲天，使你的朋友们对你敬而远之；一会儿又情绪高昂，手舞足蹈——谁愿意与这样情绪不稳定的人交往合作？而且情绪不稳定的人对于自己确立的目标也常常不能坚持到底，做事容易情绪化，高兴了就做，不高兴就扔在一边，丝毫没有计划性和韧性。这样的人能成为高效能人士吗？这样的人连自己都控制不了又怎么去控制别人呢？

做自己高兴做的事，或者采取一种不顾一切的态度并不是真正的自由。你应该有战胜自己的感情和控制自己命运的能力，如果任凭感情支配自己的行动，那便使自己成为感情的奴隶。

自 我 提 升

高效能人士大多有"欲与天公试比高"的上进心，但是如果仅有上进心而缺乏自制力的话，就像汽车失去了方向盘和刹车，必然会"越轨"和"出格"，甚至"翻车"。罗伊·L·史密斯说过："自制力宛若受到控制的火焰，正是它造就了天才。"因此自制力是高效能人士必备的素质。

3. 如何让自己的情绪快速好转

成功者控制自己的情绪，失败者被自己的情绪所控制。

在美国一所大学的日文班里，出现了一个50多岁的老太太。起初大家并未介意，因为在这个自由的国度，每个人都可以做自己喜欢的事情。

但是过了一段时间，学生们发现，这个老太太并不是退休之后空虚寂寞才来的。无论刮风下雨，每天清晨，她总是第一个来到教室温习功课，认真地跟着老师阅读。她的笔记记得工工整整，同学们纷纷借她的笔记作为参考。每一次考试前，老太太更是全心全意地复习。

一天，老教授对学生们说："父母一定要懂得自我情绪管理才能教育好孩子，你们可以问问这位令人尊敬的女士，她肯定有一群出色的孩子。"

大家一打听，果然，这位老太太叫朱木兰，她的女儿是美国第一位华裔女部长赵小兰。

作为一个母亲，能给予孩子最好的财富不是万贯家产，而是良好的品格。朱木兰女士深谙此道，她不仅懂得自我情绪管理，更把这一优秀品质传给了儿女们。

罗伯特·李是美国南北战争时的名将，有一次他参加一个朋友孩子的婚礼。孩子的母亲请他讲几句话，作为孩子的行为准则。

李将军只说了一句非常简短的话："教他懂得如何管理自己！"

一个人要成就大的事业，不能随心所欲并感情用事，而应对自己的言行有所克制。这样才能使错误和缺点得到抑制，不致铸成大错。哪怕是对自己的一点小的克制，也会使人变得强而有力。要主宰自己，必须对自己有所约束并有所克制。

自我约束力的缺乏往往成为个人失败的一大根源，一位心理学家说：
"如果我们无法约束自己，那么就只有依靠社会和大自然来约束。"莎士比
亚强调正是因为人类在自制方面的才能，划清了人和动物之间的界限，自
我管理的才能是人类品质中的精髓。

新东方创始人俞敏洪说："凡是控制不了自己情绪的人都是做不了大
事的，就像张飞和关羽。他们虽然有能力，但是都控制不了自己，最终酿
成大祸。而刘邦，大家都没有听说过他生气，可以说，如果刘邦没有控制
自己的能力，就不会有汉朝400年的历史。所以控制情绪不是老谋深算，
也不是狡猾，而是自己坚韧的体现。"

高效能人士大都在任何时候都能保持冷静与理性，对于危机事件，他
不会抱怨，而是会想方设法找出答案。在他的字典中没有不能解决的问
题，也没有不能实行的事业。对于他们来说，不能控制自己的情绪，不能
理性地处理突发事件是不可能成功的。

提起贾尼尼，或许很多人还不是很清楚。但提起美洲银行，可能无人
不知。它是美国第三大银行，目前资产规模仅次于花旗和摩根大通。而在
20世纪四五十年代，它一度是美国规模最大的商业银行，也是美国第一家
为普通百姓提供金融服务的银行——它是具有传奇色彩的意大利裔银行家
贾尼尼一手创立并发展起来的。

老年的贾尼尼在与摩根对战的战役中，表现出的沉着和冷静让我们叹服。

1928年夏天，积劳成疾的贾尼尼离开了刀光剑影的纽约华尔街，回到
风光旖旎的家乡意大利米兰休养。一天，贾尼尼突然被一条新闻惊呆了：
"贾尼尼的控股公司纽约意大利银行的股票暴跌50%，加州意大利银行的股
票亦出现36%的跌幅。"

原来，意大利银行收购旧金山自由银行之后，金融巨头摩根怀疑贾尼
尼野心勃勃要控制全美国的银行业，因此在摩根控制下，纽约联储银行以

意大利银行涉嫌垄断为由强迫贾尼尼卖掉公司51%的股权，私下里摩根财团则暗暗吸纳意大利银行的股份。

这个时候以高情商著称的贾尼尼宝刀未老，他的行动迅速而又果断。他一方面以退出意大利银行为条件，以求拖延时间；另一方面在德拉瓦注册成立了一家新公司——泛美股份有限公司，该公司的最大股东就是意大利银行。但由于它的股票分散在大量的小股东手里，因而外人很难再怀疑它有垄断嫌疑。

他们再以这家公司的名义，把别人控制下正在暴跌的意大利银行的股票低价买进。这样一来，便挫败了摩根等人欲置意大利银行于死地的阴谋。意大利银行不仅没有垮掉，而且发展越来越壮大。后来它甚至还吞并了美洲银行，并将各分行全部改名为美洲商业银行，从而真正创立了一个银行帝国。

蒙牛集团董事长牛根生说："人一生，只有不断地理性起来，冷静地面对任何事情，做到'得而不喜，失而不忧'，才是做人的一种境界，才能算得上成熟和稳重。"每个人或多或少都会有情绪问题，如何让自己情绪不好的状态很快消失，持续保持巅峰状态将是人生成败的关键。

建议你买一本自己喜欢的笔记本，每天或者三不五时就写写自己的情绪日记，甚至可以用画画的方式记录，享受你自己的创造力。日记内容当然是你静心的感受、感动、牢骚、观察、自我发现和探索等。

写日记是一个自我观察的好方法。写下自己的感受之后，就有了一个客观的距离观察你所体验的东西，甚至有时候原本不清晰明朗的地方，在写的过程中你不断地思索、咀嚼它，某一刻它就突然变清晰了、已经被消化了。因此，写日记是一个接触自我的良好机会。使你累积的经验沉淀更为清楚。并且在写或画的过程中，你还可以享受自己的创造力带来的喜悦感。

自 我 提 升

　　高效能人士认为：要取得成功，应该学会管理自己的情绪；要想有巅峰的成就，就要有巅峰的情绪，控制不了情绪就做不了大事。高效能人士总是能及时控制住自己的情绪，因为他们知道控制情绪的重要性。

4. 不但要学会"卸压"，有时还要善于"增压"

　　当下社会充满挑战和张力，焦虑指数不断上升，"压力"成了挥之不去的梦魇。很多人说压力是可怕的，它能压倒一切。但是高效能人士认为，压力并不可怕，运用得好，压力还能转化为成功的动力。

　　一个女儿向父亲抱怨她的生活，抱怨事事都那么艰难。她不知该如何应付生活，想要自暴自弃了。她已厌倦抗争和奋斗，好像一个问题刚解决，新的问题就又出现了。

　　她的父亲是位厨师，他把她带进厨房。他先往三只锅里倒入一些水，然后把它们放在旺火上烧，不久锅里的水烧开了。他往一只锅里放些胡萝卜，第二只锅里放入鸡蛋，最后一只锅里放入咖啡豆。

　　女儿咂咂嘴，不耐烦地等待着，纳闷父亲在做什么。大约20分钟后，他把火闭了，把胡萝卜捞出来放入另一个碗内，然后又把咖啡舀到一个杯子里。做完这些后，他才转过身问女儿："亲爱的，你看见什么了？""胡萝卜、鸡蛋和咖啡。"她回答。他让她靠近些并让她用手摸摸胡萝卜，她注意到它们变软了。父亲又让女儿拿一个鸡蛋并打破它。将壳剥掉后，她看到的是一只煮熟的鸡蛋。最后他让她啜饮咖啡，品尝到香浓的咖啡。女儿怯声问道："父亲，这意味着什么？"

父亲解释说："这三样东西面临同样的逆境，即煮沸的开水，但其反应各不相同。胡萝卜入锅之前是结实的，毫不示弱。但进入开水后，它变软了，变弱了；鸡蛋原来是易碎的，薄薄的外壳保护着它呈液体的内脏。但是经开水一煮，它的内脏变实了；而粉状咖啡豆则很独特，进入沸水后它们反倒改变了水。那么哪个是你呢？"他问女儿。

当逆境找上门来时，你该如何反应？态度不同，结果也就不同。选择作胡萝卜，那你就变软弱了，并失去了力量；选择作鸡蛋，你就将收获坚强的性格和内心；选择作咖啡豆，则不仅改变了自己，也成功地改变了逆境。

态度是世界上最神奇的力量，它栖息于思想深处。左右着我们的思维和判断，控制着我们的情感与行动。一个人的生活状态和人生方向完全受控于其生存态度的牵引。用什么样的态度对待生活，就有什么样的生活现实。积极的态度可以使我们到达人生的顶峰，尽享成功的快乐和美好；消极的态度使我们一生陷于困难与不幸之中。

同样，态度也决定压力的有无。人们普遍认为压力是问题引起的，其实引起压力的真正原因是一个人对问题的态度，事情的本身并无绝对的压力可言。

他曾经是莘莘学子万分敬仰的创业天才，5年时间内跻身财富榜的第8位。也曾是无数企业家引以为戒的失败典型，一夜之间负债2.5亿元。而如今他又是一个著名的东山再起者，再次创业成为保健品巨头和网游新锐，一个身家数10亿元的资本家。从人生的顶峰跌到谷底，又重新爬起，史玉柱制造的传奇比很多颇受推崇的企业家更令人感慨。

10年前，没有人相信他会东山再起。以至于当他蜷缩在人去楼空的办公室时，没有人愿意去打扰他。在最灰暗的日子里，要债的人将他逼入上天无路入地无门的境地。逼急了，他放出话："我所欠的每一分钱，都会还给你们，而且还有利息。"这番话自然成了当时最流行的经典笑话。而当年像蚯蚓一样蜷缩在办公室的破产者，现在摇身成为中国最有实力网游公司的老板。他不仅还清了所有的债务，而且还成了中国企业家绝境逢生和置之死地而后生的榜样。

对于史玉柱来说，债台高筑并不是压力，人生低谷并不代表绝望。一切只是暂时的失意而已，所以他静静地等待着和谋划着，并且承担起了别人认为是笑谈的压力，最后顺利地走出了在别人看来似不可能的绝境。

现在是一个竞争激烈且充满压力的时代，学生有课业升学的压力，工人有下岗再就业的压力，公务员有优胜劣汰的压力，商家有市场竞争的压力，就连退休的人也有孤独和疾病的压力。人们之所以会产生压力，是由于一个人的某些欲求愿望遇到障碍和干扰，引发出心理和精神的不良反应。只要改变心态并转换思维，你会发现压力其实是不存在的。

一天，一个大和尚和一个小和尚出外化缘。来到水流湍急的河边时，看见河边有个美貌的女子因不敢涉水过河正在发愁，这时小和尚二话没说就背起女子涉水过了河，将她放在对岸。第二天，他俩回到寺里，小和尚聚精会神地诵经。可大和尚老想着昨天发生的事，悄悄地问小和尚："你怎么能背那女子过河呢？"小和尚说："过了河，我就把她放下了，难道你心里始终还放她不下？"这个故事道出了态度的主宰地位，你越早并越干净地放下不必要的心理负担，就会越早并越轻松地集中精力，干好你想干或正在干的事情。

事情的本身并无绝对的压力可言，同样一件事情，张三认为有压力，而李四却认为是挑战和乐趣。据说有个公司派了两个推销员去非洲推销鞋子，其中一个推销员认为这里的土著人向来不穿鞋，到这里来推销鞋子是水中捞月白费力气。他在非洲走马观花地转了一圈，诉说了一大堆困难，便乘飞机返回公司；另一个推销员经过认真调查，发现土著人没有穿鞋子，正是推销的好机会，便打电话给公司："立即运送一万双各种尺码的鞋子。"前者失败了，后者成功了。可见问题本身都不是问题，对待事物的态度才是最大的问题。

如果你面对无法摆脱的压力，就应该反复地对自己说："这是对我的挑战和考验。""这是催促我努力学习、积极工作和奋发向上的动力。"只要换个角度去思考，态度一改变，压力很快就能减轻。另外，一个人不但要学会"卸压"，有时还要善于"增压"；因为压力是孕育成功的土壤，在沉重的现实面前，只有压力才能将潜能激发出来。

自 我 提 升

有时人太幸运、太安逸和太一帆风顺了，就会失去压力的哺育及痛苦的滋养。变得毫无追求，苍白黯淡。如果你现在驻足不前，失去了必要的压力，就想办法像高效能人士一样，给自己身后创造出一只"老虎"来！

5. 没有失败，只有成功的暂时搁浅

人们最出色的工作往往是在处于逆境的情况下做出的，思想上的压力，甚至肉体上的痛苦都可能成为精神上的兴奋剂。很多杰出的伟人都曾遭受过心理上的打击及形形色色的困难。

有一个人在21岁时，做生意失败。

22岁时，角逐州议员落选。

24岁时，做生意再度失败。

26岁时，爱侣去世。

27岁时，一度精神崩溃。

34岁时，角逐联邦众议员，落选。

36岁时，角逐联邦众议员，再度落选。

45岁时，角逐联邦参议员，落选。

47岁时，提名副总统，落选。

49岁时，角逐联邦参议员，再度落选。

52岁时，当选美国第十六任总统。

这个人的名字叫作亚伯拉罕·林肯。

读者想一想，如果他把上述这些事情当成失败，有可能成为美国总统吗？不大可能吧！

对于任何一个在成功之路上艰难跋涉的人来说，他不可避免地要遇到失败。就像一个人要生存就必须经历白天和黑夜一样，逆境就等于是晚上。要学会做事，就必须先学会正确对待失败的打击，并且要把失败当作成功的垫脚石。

1958年，法兰克·卡尼和丹·卡尼两兄弟跟母亲借了600美元，在自家杂货店对面经营了一家比萨饼店，筹措他们的大学学费。19年之后，卡尼兄弟卖掉了连锁店，总值3亿美元。他的连锁店叫作"必胜客"，他是如何创造财富的传奇的呢？

对于其他想独立创业的人，卡尼给他们的忠告很奇怪："你必须学习失败。"他的解释是这样的："我做过的行业有很多种，而这中间大约有几种做得还算不错。在事业成功的过程中你总是出击，而且你失败之后更要出击。你根本不能确定你什么时候会成功，所以你必须先学会失败。"卡尼认为必胜客的成功应归因于他从错误中学得的经验，在俄克拉何马分店失败之后，他做出了另一种硬度的比萨饼。当地方风味的比萨饼在市场出现后，他又开始向大众推出芝加哥风味的比萨饼。

　　卡尼失败过无数次，可是他能够把失败的经验变成成功的基础。有些人也在失败，可是他们失败后却是一蹶不振。这其中的关键就是抗压能力，高效能人士不论在任何险境中，不管别人说些什么都始终如一地坚持自己的目标。而有些人则承受不了失败的压力，承受不了别人的议论纷纷。他们的逆商差，没有抗压能力，所以不管失败多少次都不会成功。

　　我们生活在一个竞争激烈的世界，我们总是认为一个人赢了就必定会有一个人输了。但事实上，你自己与自己的竞争才是真正重要的。当你给自己订下的标准是要自己做到最好，而且是为了自己而做时，你就永远不会输，而只会不断地进步。如果觉得结果不够理想，设想一下当时的情况再试着问自己："在当时的情形下有没有可能存在更完善的办法呢？"如果答案是否定的，或你觉得自己已经尽力了，就不要再浪费时间了。只要从过去学习到经验，就可以再次投身于行动。更重要的是，那些失败的经验都可以让你从中寻找到成功的机会。

　　高效能人士认为，只有成功而没有失败的生活是没有的，失败并不可怕，但是要从中得到教训，否则才是真正的失败。有谚语说："再平的路也会有几块石头"，一个人要想超越别人并不是难事，要想超越自己却不那么容易。所以如果一个人有着极强的心理承受能力，他就有了成功的首要条件。

　　很多人都听说过美国的"玉米糊大王"斯泰雷的故事，16岁时他在一家公司当售货员。虽然地位和薪水都很低，劳动强度也很大，但他心中有一个不灭的愿望，那就是要成为一个非凡的人。一天，他被经理狠狠地训斥了一顿："老实说，你这种人根本不配做生意。你徒有一身力气，没有脑筋，我劝你还是到钢铁厂当工人去吧！"

一向小心谨慎和积极主动的他，自尊心被深深地伤害了，他当即答道："总经理先生，你当然有权力将我辞退，但你无法消磨我的意志。你说我没有用，这是你的权力，但这不会减损我的能力。看着吧，有一天我要开一家比你的公司大10倍的公司。"

果然几年以后，他创造了惊人的成就，成为誉满全美的"玉米糊大王"，也成了一种永远激励他人在逆境中前进的力量！

很多时候，我们也许会因为能力很弱和地位很低下而遭到别人的打击。但这些只能说明我们在知识与思想方面还有很多缺陷需要去弥补，而绝不意味着我们可以自暴自弃，自我毁灭，暂时的受挫只是不同的角度与形态所导致的。

对于高效能人士来说，世上没有失败这回事，只有成功的暂时搁浅。上帝并不是在故意拖延他的眷顾，只是还在等待时机。不管事情的发展有多糟糕，我们都具有扭转它的能力。如果你的尝试不见效，那就好好从中学习，以便未来能做得更好，相信自己最终必然能够成功。

自我提升

如果没有对待失败的勇气，你就永远也不能成为高效能人士。失败并不可怕，可怕的是没有承受失败的能力。要想做一个高效能人士，首先要学会把失败踩在脚下，这样你才能创造出一个奋斗者的神话。

6. 任何时候，都不要轻易动摇信心

世界著名成功学之父戴尔·卡耐基曾经说过："一个年轻人，如果从来不肯竭尽全力来应对所有事情，如果没有坚强不屈的意志，如果没有真诚热忱的态度，如果不施展自己的能力，如果不振作自己的精神，那么他绝不会有什么大成就。"伟人之所以能够成功，就在于他们相信自己的能力，要求自己一定要超越别人、战胜别人，从而自强不息、奋斗不止、坚忍不拔。

所以说，自信是成为高效能人士的重要条件。只有非常自信，才能成就非常的事业。对事业充满自信而决不屈服，便永远没有所谓的失败。

许多事情往往都是如此，如果你开始时就不相信自己能够成功，那么你绝不会成功。明白了这个道理，再依靠自己的努力而不是依靠上天的机遇或他人的帮忙，我们才能在某一方面成为杰出的人物。

有一个法国人，正处在不惑之年，这个年纪本应该事业有成，但是他却恰恰相反，一事无成。家人对他失望极了，久而久之，就连他自己也认为自己失败至极。

离婚、破产、失业……一连串的打击，使他觉得人生已经失去了价值和意义。由于对生活的不满，他变得越来越古怪易怒，同时也十分脆弱，经不起任何打击。

有一天，他失魂落魄地在大街上走着，一位吉普赛人正在街边摆摊算命。

"先生，算一卦吧!"吉普赛人淡淡地说。

没有什么重要的事，全当是一种娱乐。这么想着，他坐了下来。

看过手相后，吉普赛人对他说："天哪，真没有想到，你是一个伟人，真了不起！"

"什么？请不要拿我开玩笑，我可不是什么伟人。"

"你知道你是谁吗？"

"我是谁？"他无奈地笑了笑，"我是一个名副其实的倒霉鬼、穷光蛋和被社会抛弃的人！"

吉普赛人笑着摇了摇头，说："先生，你错了，你是拿破仑转世，你身体里流淌着拿破仑的勇气和智慧。你就一点也没有发觉，自己长得与拿破仑非常像吗？"

听了吉普赛人的话，这个法国人半信半疑："不会吧，离婚、破产、失业全部都找上我了，不仅如此，我还无家可归，这样看来，我怎么会是拿破仑转世？"

"刚才你说的只能算是过去，你的未来可了不得，如果你不相信我说的话，五年之后再来找我，到那时，你可是全法国最成功的人。"

这个落魄的法国人带着怀疑离开了，虽然表面上他对吉普赛人的此番言论很不以为然，但是不能否认，他内心有一股前所未有的美妙的感觉。在这之前，他根本没有时间静下心来钻研拿破仑的生平事迹，这一次，他对拿破仑产生了极大的兴趣。

回到家后，他并没有像往常那样，面对满室疮痍唏嘘不已，而是想尽办法寻找和拿破仑有关的著作来学习。

时间长了，他发现，周围的人对他的态度变了，他们都在用一种全新的眼光来看待他，他的事业也越来越顺利。

直到这时，他才领悟到，其实周围一切都没有改变，唯一做出改变的只是他自己。经过一番仔细观察，他发现自己的气质、思维模式都在不自觉地模仿着拿破仑，就连走路，也颇有一点拿破仑的架势。

十三年后，在这个人55岁的时候，他成了法国的亿万富翁，一位著名的成功商人。

如果想让周围的人相信你，想要承担大任的话，首先应该相信自己。自信是成功的第一秘诀。有史以来，没有一件伟大的事业不是因为自信而成功的。

决心就是力量，信心就是成功。当一个人怀着信心去做事的时候，心中就拥有了对所做事的把握，并且，在这个过程中，会表现出来一种与众不同的气度，而这种气度就是自信。

1987年，麦格雷戈放弃了衣食无忧的"顾问"职位去试着实现他的一个"梦想"。他原来的公司是在机场和饭店向出差的企业人员出租折叠式移动电话的，但这些电话不能提供有详细记载的计费单，而没有这种"账单"，一些公司就以没有依据为由不给雇员报销电话费。现在急需在电话内装一种电脑微电路，以便记录每次通话的地址、时间、费用。

麦格雷戈知道自己的设想一定行得通，在家人的大力支持下，他开始物色投资者并着手试验，但这项雄心勃勃的冒险进行起来并不顺利。

1990年3月的一个星期五，全家几乎面临绝境。一位法庭人员找上门，通知他们如果下星期一还交不上房租，他们就只有去蹲大街了。

麦格雷戈在绝望之中把整个周末都用来联系投资者，功夫不负有心人，星期天晚上11点，终于有人许诺送一张支票来。

麦格雷戈用这笔钱付了账单，并雇用了一名顾问工程师。但是忙碌了几个月，工程师说麦格雷戈设想的这种装置简直是"不可能"！

到了1991年5月，家庭经济状况重新陷入困境，麦格雷戈只好打电话给贝索思——一家著名的电讯公司，一位高级主管在电话里问了他："你能在6月24日前拿出样品吗？"

麦格雷戈脑中不由想起工程师的话和工作台上试验失败后扔得到处是的工具，他强迫自己镇定下来，用尽量自信的声音说："肯定行！"

他马上给大儿子格里格打去电话——他正在大学读电脑专业，告诉他自己所面临的严峻挑战。

格里格开始通宵达旦地为父亲设计曾使许多专家都束手无策的自动化电路。在父子二人的共同努力下，样品终于设计出来了。6月23日，麦格雷戈和格里格带着他们的样品乘飞机到亚特兰大接受检验，一举获得成功。

现在，麦格雷戈的特里麦克移动电话公司，已是一家资产达数千万美元，在本行业居领先地位的企业。

任何时候，都不要轻易动摇信心。只要是你所向往的，如果你想实现它，即使是你始终未曾接触过的范畴，也一定要从心里建立起"有信心"的信念。

你得从此刻便开始学习感受那份信心，相信自己有资格、有力量取得成功。

可以毫不夸张地说，一个人之所以失败，是因为他自己要失败；一个人之所以成功，是因为他自己要成功。一个平庸的丧失进取动力的人，总觉得自己不重要，成就不了什么大事，因而他扮演的始终是可有可无的小角色。这样的人，他的言谈举止都显示出信心的缺乏。

实践证明，否定自己是一种可怕的思想，它足以产生一种消极的力量，常常使人走向失败之途；而充满信心的人，则常常踏上成功之路。

自我提升

拥有了自信，再平凡的人也能做出惊天动地的事情来。这样说，并不是说拥有自信的人就一定会成功，而是因为拥有自信的人们生活得往往都很精彩；他们通过自己的努力，让不可能变为可能，他们都是拥有高效能的创造者。

7. 把情绪的镜子对着自己照照

　　大多数成功者，都是能够把情绪控制得收放自如的人。这时，情绪已经不仅仅是一种感情的表达，更是一种重要的生存智慧。如果控制不住自己的情绪，随心所欲，就可能带来毁灭性的灾难。情绪控制得好，则可以帮我们化险为夷，甚至获得意想不到的好处。

　　很多时候，那些让我们生气的理由，回头再想想就会发现根本不值得，甚至有的时候我们发完脾气却忘了自己为什么不高兴。

　　有一个叫爱地巴的人，每次和人发生争执的时候，就以很快的速度跑回家去，绕着自己的房子跑上两圈，然后坐在地上喘气。

　　爱地巴工作非常勤劳努力，他的房子越来越大，土地也越来越广。

　　但不管房子和土地有多大，只要与人争论而生气的时候，他就会绕着房子跑两圈。

　　"爱地巴为什么每次生气都绕着房子跑两圈呢？"所有认识他的人，心里都感到疑惑，但是不管怎么问，爱地巴都不愿意明说。

　　直到有一天，爱地巴很老了，他的房子和土地也已经太大了，他生了气，拄着拐杖艰难地绕着房子转，等他好不容易走完两圈，太阳已经下山了，爱地巴独自坐在地上喘气。

　　他的孙子在身边恳求他："阿公！您已经这么大年纪了，这附近地区也没有其他人的土地比您的更广，您不能再像从前，一生气就绕着房子跑了。还有，您可不可以告诉我您一生气就要绕着房子跑两圈的秘密？"

　　爱地巴终于说出隐藏在心里多年的秘密，他说："年轻的时候，我一和人吵架、争论、生气，就绕着房子跑两圈，边跑边想自己的房子这么小，土地这么少，哪有时间去和人生气呢？一想到这里，气就消了，把所有的时间都用来努力工作。"

孙子问道："阿公！您年老了，又变成最富有的人，为什么还要绕着房子和土地跑呢？"

爱地巴笑着说："我现在还是会生气，生气时绕着房子跑两圈，边跑边想自己的房子这么大，土地这么多，又何必和人计较呢？一想到这里，气就消了。"

发现自己产生负面情绪的时候，不能首先把责任推给别人，而必须学会先把镜子转向自己。看看自己的心智模式有哪些不妥的地方，一个人就是要不断地照镜子。只有自己不断"照镜子"，才能更清晰地认知自己，认清自己的优缺长短，更能让自己扬长避短，让自己的潜能发挥地更为出色，更为淋漓尽致。

我们要对自己的情绪做出准确定位。

一般我们在进行情绪定位时，有四种类型可供参考：超越情绪、成就情绪、系统情绪与问题情绪。

超越情绪

处于此种情绪的人立志高远，能够成就大业。他们凡事立足于自己，不强调客观理由，不抱怨外在环境，对个人的利益和别人的偏见可以轻松面对，不以物喜，不以己悲；注重外在形象和语言，与人友好沟通，给人轻松无压力感觉，彰显人格魅力。

成就情绪

成就情绪来源于受到轻视后决心奋发努力取得成就。如果我们能够正面利用负面情绪，而不是在负面情绪中不能自拔，这份情绪就能使个人获得提升。以从事销售业务的销售员为例，在受到客户拒绝的负面情绪与压力时正面激励自己，往往能最终取得客户信任，签下订单。

系统情绪

处于这一类型情绪的人，对周围的一切事务感到担忧，替别人着急，而且不尊重个体的差异，凡事以自我的标准来衡量一切。

问题情绪

问题情绪是对别人的批评感到气愤、责怪，不思改进而最终失败，使人停留现状，不能突破。拥有此种情绪的人，在人际交往过程中总是关注别人的缺点，导致交际与沟通多有不畅；由于自我的力量不足，总爱挑剔别人的问题，传播别人的失误；这类人往往以受害者自居，希望别人能主动关注自己。

根据上述分类，我们可以对自己的情绪做出定位，并找出所要提升的定位区域。

情绪的表达方式则对情绪的最终改善结果有着直接影响，正确表达，才能使他人理解，使自我压力得到释放。人们表达情绪的方式一般有以下三种：

冷战——这是情绪压力最残酷的表达方式。由于单方面承受情绪，不与他人沟通交流，长期处于压抑状态，最终导致身体病变，引起精神方面的疾病。

发泄——不顾忌环境与后果，将情绪原原本本地表现出来，容易给他人造成压力，在组织内部形成矛盾。在日常生活与工作中，这是典型的"先情绪后事情"的表现。

表达——以不给对方压力的方式，表达自己的情绪是喜是怒，让对方知道错且给他改正错误和成长的权力，也就是所谓的"先事情后情绪"的做法。这是我们所提倡的正确表达方式。

自 我 提 升

愤怒是无法彻底消除的，而且也没有必要消除它。但你有必要对它进行很好的管理和控制。不管是在家里、在工作中，还是在你和关系亲密的人相处的过程中，都需要进行愤怒管理，这样你才可以从愤怒中获益，而不是受害。

第五章
举一反三，让大脑转出多元化效能

1. 要想改善效能，先要学会改变思维

思考其实也是艰苦的工作，所以很少有人愿意耐心思考。

两个乡下人外出打工，一个人要去上海，一个人要去北京。可是在候车室候车时，两个人却都改变了主意。因为他们听见邻座的议论说，上海人精明，外地人问路都收费；北京人质朴，见吃不上饭的人，不仅给馒头，还送衣服。原打算去上海的人想，还是北京好，挣不到钱也饿不着，幸亏还没上车，不然真就掉进了"火坑"；原打算去北京的人想，还是上海好，给人带路都能挣钱，还有什么不能挣钱的？幸亏还没上车，不然就失去了一次致富的机会。他们在退票时相遇了，于是互换了车票。去了北京的人发现，北京果然好。他初到北京一个月

什么都没干，竟然没有饿着。不仅银行大厅的水可以白喝，而且大商场里欢迎品尝的点心也可以白吃；去了上海的人发现，上海果然是一个可以发财的城市，干什么都可以挣钱。带路可以赚钱，开厕所可以赚钱，弄盆凉水让人洗脸也可以赚钱——只要想点办法再花点力气就可以挣更多的钱。

5年后，这位去上海的人业务发展到了全国。他坐火车去北京考察市场，在出站的时候，一个捡破烂的伸手，向他要空的矿泉水瓶。就在递瓶子的时候两个人都愣住了，因为5年前，他们曾换过一次车票。

比尔·盖茨说："最大的财富不是堆积如山的金钱，而是聪明的大脑。"打开思路，所有东西都可以赚钱。法国著名文学家保尔·瓦莱里说："人类重大的不幸是他没有像眼睑或制动器那样的器官，使他能在需要时打开或阻断一种思想和所有的思想。"往往，我们抱怨挣钱无路的时候正是我们思路堵塞的时候。

"物竞天择，适者生存"。长久以来，我们一直认为，人与人的竞争不过是对稀缺资源的竞争。事实上，人与人之间的竞争本质上都是大脑的竞争。在这个日新月异的信息时代里，如果我们不发挥大脑的力量，就会被高速发展的社会淘汰。因为在这个科技发达的社会里，最重要的资源不是自然资源，而是大脑资源。发挥大脑的力量，开发社会资源、整合社会资源、创造社会资源，这才是人最大的竞争力。

高效能人士说，思路决定出路，这绝非一句空话。没有发展的眼光，没有推动发展的勇气和决心，事情就不会有如此完满的结局。善于思考对人的巨大影响是不可估量的。

为什么很多人都拥有卓越的智慧，却只有少数人获得成功？为什么很多公司都拥有伟大的构想，却只有少数的公司能够持续发展？因为思路不同，所以出路迥然。

沈阳有个以捡废品为生的人，名叫王洪怀。有一天他冒出一个想法：收一个易拉罐，才赚几分钱；如果将它熔化了，作为金属材料卖，是否可以多卖些钱？于是他把一个空罐剪碎，装进自行车的铃盖里熔化成一块指甲大小的银灰色金属，然后花了600元在市有色金属研究所做了化验。化验结果出来了，这是一种很贵重的铝镁合金！当时市场上的铝锭价格，每吨在14000元~18000元之间。而每个空易拉罐重18.5克，54000个就是1吨。这样算下来，卖熔化后的材料比直接卖易拉罐要多赚六七倍的钱，他决定回收易拉罐熔炼。

从捡易拉罐到熔炼易拉罐，一念之差，不仅改变了他所做的工作的性质，也让他的人生走上另外一条轨迹。

为了多收易拉罐，他把回收价格从每个几分钱提高到每个一角四分。又将回收价格及指定收购地点印在卡片上，向所有收破烂的同行散发。一周以后，王洪怀骑着自行车到指定地点一看，只见一大片货车在等待他，车上装的全是空易拉罐。这一天，他回收了13多万个，足足2.5吨。

向他提供易拉罐的同行们卸完货仍然又去拾他们的破烂，而王怀洪却彻底变了。

王洪怀开办了一个金属再生加工厂，一年内，加工厂用空易拉罐炼出了240多吨铝锭。三年内赚了270万元，他从一个拾荒者一跃而为百万富翁。

一个收废品的人，能够想到不仅是拾，还要改造拾来的东西，这已经不简单了。改造之后能够送到科研机构去化验，就更是具有专业眼光。至于600元的化验费，一般的拾荒者是绝对舍不得的，这就是投资者和打工者的区别。虽然身为拾荒者，却少有穷人的心态，敢想敢做，而且有一套巧妙的办法。这种人不管他眼下的处境怎样，兴旺发达都是迟早的事。

"创新思维之父"著名思维学家德·波诺提出了一个"换地方打井"的说法，用来形容他提出的平面思维法。德·波诺的解释是："平面"是针对"纵向"而言的，纵向思维主要依托逻辑，只是沿着一条固定的思路走下去；而平面思维则偏向多思路地进行思考。德·波诺打比方说在一个地方打井，老打不出水来。具有纵向思考方式的人，只会嫌自己打得不够努力，而增加努力程度；而具有平面思维方式的人，则会考虑很可能是打井的地方不对，这里可能根本就没有水。所以与其在这样一个地方努力，不如另外寻找一个更容易出水的地方打井。纵向思维使人们总是放弃其他可能性，大大局限了创造力；而平面思维则不断探索其他可能性，所以更有创造力。也就是说换个思路，原来那些难以解决的问题，就有可能迎刃而解。

假如我们现在走的是一条窘迫之路，也不要灰心丧气。学会在迷茫困惑中及时转弯，会转弯思路才通畅，自然就会有出路。

自我提升

高效能的人都是善于思考的，他们的思路从不停留在一处。世上没有不转弯的路，人的思路也一样。它需要面对不同的境况和时代，不断地进行转换，循规守旧就会停滞不前，最后被时代淘汰出局。在思路上转弯，是对颓丧、失意的否定。不固守旧框架，不封闭新出路，这样才会在生活和事业上有好的前程。

2. 举一反三，触类旁通

遇到困难，人们总喜欢以顺势的思维去思考，希望在相同的领域里摸索到能够解决问题的方法，但有时却根本满足不了我们的需求，而高效能人士，会尝试从其他的领域找方法。

300多年前，一位奥地利医生给一个胸腔有疾的人看病，由于当时技术落后，医生无法发现病因，病人不治而亡。后来经尸体解剖，才知道死者的胸腔已经发炎化脓，而且胸腔内积水。这位医生非常自责，决心要研究判断胸腔积水的方法，但始终不得其解。恰好，这位医生的父亲是个酒商，他不但能识别酒的好坏，而且不用开桶，只要用手指敲敲酒桶，就能估量出桶里面有多少酒。医生由此联想到，人的胸腔不是和酒桶有相似之处吗？父亲既然能通过敲酒桶发出的声音判断桶里有多少酒，那么，如果人的胸腔内积了水，敲起来的声音也一定和正常人不一样。此后，这个医生再给病人检查胸部时，就用手敲敲听听。他通过对许多病人和正常人的胸部的敲击比较，终于能从几个部位的敲击声中，诊断出胸腔是否有病，这种诊断方法现代医学称为"叩诊法"。

后来，这种"叩诊法"得到进一步发展。1861年，法国男医生雷克给一位心脏病妇女看病时，非常为难。正在此时，他忽然想起了一种儿童游戏。孩子们在一棵圆木的一头用针乱划，另一头用耳朵贴近圆木能听到刮削声。由此，他有了主意。他请人拿来一张纸，把纸紧紧卷成一个圆筒，一端放在那妇人的心脏部位，另一端贴在自己的耳朵上，果然听到病人的心脏的跳动声，而且效果很好。后来，他就将卷纸改成小圆木，再改成橡皮管，另一头改进为贴在患者胸部能产生共鸣的小盒，就成了现在的听诊器。

尽管医生在探索的过程中能够感受到艰难，打破行业的界限也不是一件容易的事情，但是，面临自己解决不了的难题，既然没有更好的方法，那么我们完全可以放开自己的思路，吸收一些不同的想法和做法，举一反三，让不相同的事物串起来，使不可能变成可能。

在生活中，高效能人士会以一点观全局，他们有以此类事物联想到彼类事物的思维方式。特别是在职场中，他们很多人都从事过不同的行业，他们不会觉得自己的不同经历之间是没有联系的，比如：可能他们现在在做编辑，但是曾经做过的销售工作，也能为他们开阔思路起到一定的作用，他们的生活阅历也将是你进行创作的基础；可能他们现在在做文员，可是以前的教师职业也能让他们感受到文科办公室里的氛围，他们的思想会在那个氛围当中得到很好的熏陶……

虽然摸着石头过河有一些冒险，但是当你渡过了难关，你就会发现，自己已经从毛毛虫变成了一只翩翩起舞的漂亮蝴蝶。

在企业当中，同样需要将触类旁通运用到极致。众所周知，市场是没有现成的规律可以遵循的，它总是在以飞快的速度变化着。如果我们想要依靠相同领域里的其他人的思想来为自己创造效益，那么无疑我们就是在模仿他人。跟在别人的身后，是不会有什么大发展的，所以我们要走出一条属于自己的道路。但这又十分艰难。

人与人之间、事物与事物之间都存在着很多相似点，虽然表现的方式是不同的，但是只要你有一双善于发现的眼睛，你就可以找到他们的共同点，从而刺激大脑，找到解决问题的思路。

自 我 提 升

　　一个人的智慧是有限的，不可能事事都能想到对策，所以要做高效能人士，就要摸着石头过河，利用其他领域的观念，来创造自己的人生财富。

3. 转个方向，会有更好的路等着你

　　一位心理学家说过："只会使用锤子的人，总是把一切问题都看成是钉子。"正如卓别林主演的《摩登时代》里的主人公一样，由于他的工作是一天到晚拧螺丝帽，所以一切和螺丝帽相像的东西，他都会不由自主地用扳手去拧。在工作中，遇到问题时，一定要努力思考：在常规之外，是否还存在别的方法？是否还有别的解决问题的途径？只有懂得变通，才不会被困难的大山压倒，才能发现更多更好更便捷的路子。

　　其实，生活中我们常常会碰到这样的事情，你执着于一件事情，但是你的胜算并不大。那么，与其在不可能的事情面前耗费时间，不如转过身来，因为你的身后可能会有更好的路在等着你。

　　多年前，美国的可口可乐和百事可乐曾经先后走向中国台湾市场。因可口可乐抢滩登陆宝岛，率先出尽风头。后进者百事可乐面对已经具有市场基础的竞争对手，虽行销战略施行倍觉艰辛，但还是勇者无畏。一方为争夺市场，一方为保卫市场，顷刻间掀起了一场极为精彩的商战。

　　百事可乐的行销策略以及推销活动，虽然较富于机动性，却始终无法超越可口可乐的优势，因此一直屈居下风，被动的劣势似乎难以扭转。然而，可口可乐在"唯有可口可乐，方是真正的可乐"的口号下，乘胜追击，大有逼迫百事可乐偃旗息鼓的气势，使得百事可乐一时间士气低落，销售陷入低谷。

百事可乐高层分析市场，了解到正面攻击不可能在短期内有效，于是便悄悄地准备开发另一种饮料来抢占可口可乐市场。在极端机密周详的策划下，第二年初春，百事可乐以迅雷不及掩耳之势推出了美年达汽水，顿时受到消费者的喜爱。由于百事可乐能从更年轻的广大消费者入手，市场价位又极具吸引力，加上美年达饮料整体行销策略完善，尽管只是百事可乐公司的副品牌，却一时占领了大片的饮料市场。反观可口可乐，因为陶醉于可乐大战后的胜利，忽略了新产品的开发。等到美年达饮料一夜间全面上市，可口可乐却不知所措了，迎来了短期内的市场败北。

有人曾说过："如果一个美国人想欧洲化，他必须去买一辆奔驰；但如果一个人想美国化，那他只需抽万宝路，穿牛仔服就可以了。"可见，万宝路已不仅仅是一种产品，它已成为美国文化的一部分。但是，万宝路的发迹史并非是一帆风顺的，它的成功跟公司员工善于变通是分不开的。

美国的20世纪20年代被称作"迷惘的时代"。经过第一次世界大战的冲击，许多青年自认为受到了战争的创伤，只有拼命享乐才能冲淡创伤。于是，他们或是在爵士乐中尖声大叫，或是沉浸在香烟的烟雾缭绕之中。无论男女，都会悠闲地街一支香烟。女性是爱美的天使，她们抱怨白色的烟嘴常常沾染了她们的唇膏，她们希望能有一种适合女性吸的香烟。于是，万宝路问世了。

"万宝路（MARLBORO）"其实是"Man Always Remember Love Because Of Romance Only"的缩写，意为"男人只因浪漫铭记爱情"。其广告口号是"像五月的天气一样温和"，意在争当女性烟民的"红颜知己"。然而，万宝路从1924年问世，一直到50年代，始终默默无闻。

它颇具温柔气质的广告形象没有给淑女们留下多么深刻的印象。回应莫里斯热切期待的，只是现实中尴尬的冷场。

经过沉痛的反思之后，莫里斯公司意识到变通的重要性，将万宝路香烟重新定位，受众改变为男子汉；莫里斯大胆改变万宝路形象，采用当时首创的平开盒盖技术，以象征力量的红色作为外盒的主要色彩。在广告中着力强调万宝路的男子汉形象：目光深沉、皮肤粗糙、浑身散发着粗犷和原野气息、有着豪迈气概。他的袖管高高卷起，露出多毛的手臂，手指间总是夹着一支冉冉冒烟的万宝路香烟，跨着一匹雄壮的高头大马驰骋在辽阔的美国西部大草原。

这个广告于1954年问世后，立刻给公司带来了巨大的财富。仅1954年至1955年间，万宝路销售量就提高了3倍，一跃成为全美第十大香烟品牌。1968年，其市场占有率升至全美同行的第二位。从1955至1983年，莫里斯公司的年平均销售额增长率为247%，这个速度在战后的美国轻工业中首屈一指。万宝路成为世界500强的重要原因在于其员工和领导善于变通。思路决定出路，莫里斯公司变通了，便获得了更多的财富。

生活不是玉，也不是瓦，所以不需要我们"宁为玉碎，不为瓦全"。退出不是消极的面对，也不是向生活认输，而是找到另一个突破口，征服生活。所以，在身处困境的时候，不要抱着视死如归的念头，而是冷静下来，看看后方是不是有更好的出路。

我们必须意识到变化随时随地都有可能发生。我们不但要适应变化，适时调整，还要学会预见变化，做好迎接挑战的准备。

"此路不通彼路通，此路风景独好，彼路风景更胜。"事实上，我们之所以会执着于此路而停滞不前，是因为我们的固有思维认为那是最顺畅、最好的一条路。惯性思维方式让我们错过了许多宽敞顺畅的大路，也错过了许多别样的美丽风景。

观光电梯的发明其实很偶然，它的创意是在一次增设电梯的工程中闪现的。

因为人流量的加大，原本的电梯已不能满足人们的使用需求，美国摩天大厦出现了严重的拥堵问题。为了尽快解决这一问题，工程师建议大厦尽快停业整修，直到将新的电梯修好为止。这个建议很快得到了上层领导的认可并被付诸行动。当电梯工程师和大厦建筑师们做好了一切准备工作，开始要穿凿楼层时，一位大厦里的清洁工在询问情况时激发了工程师们的创意。

"你们得把各层的地板都凿开吗？"清洁工问道。工程师向她解释，如果不凿开，那就没法装入新的电梯。

"那大厦岂不是要停业很久？"清洁工又问道。工程师无奈地点头，"每天的拥堵情况你也看到，我们没有别的办法，也不能再耽误了，否则情况更糟。"

清洁工不经意地随口说道："要是我，我就把电梯装到外面去。"

这个看似不经意的建议，其实蕴含了无限大的智慧。也许身为清洁工的当事人并没有察觉到她的一句玩笑话会成为工程师们的创意亮点。于是世界上第一座"观光电梯"就这样孕育而生了。

专业工程师为了解决大厦拥堵的状况，决定在大厦内再安装一架电梯，这一方案可谓吃力不讨好。而另一个方案不仅解决了问题，缩小了大厦停业的可能性，而且还创造出了有观景作用的电梯。所以这条路不仅解决了问题，而且还能使人们欣赏到最美的风景。

为什么工程师们的专业眼光就产生不了这一奇妙的创意呢？根本原因就在于这些工程师早已束缚在一成不变的建筑知识体系当中，形成了一套固有的思维方式。因而每个人都应避免这种思维方式对处理问题的束缚，这样才能发现更好的解决方法。

获得成功的途径是多种多样的，并不是鲁迅弃医从文才会获得成功，以他的伟大人格和深厚知识来说，即使他继续学医，往后未必不是另一个"白求恩"。像天才达·芬奇，他的建树不仅在于艺术绘画等方面，在天文、物理、医学、建筑、水利和地质等方面他都有一些重要的成就，成为后世学科研究的最好参照。

每一条路都能通往成功，唯一不同的只是这些路的艰险情况。正如"条条大路通罗马"一样，在不同的行业里，用不同的奋斗方式，都能使我们获得成功。"此路不通"的情况只存在于路标牌中，因为通过绕行，我们最终仍能殊途同归。

自 我 提 升

高效能人士认为：成功并不是只有向前冲，向后走一样能够实现目标。最重要的是在遇到问题时不能循规蹈矩，墨守成规，一头钻进死胡同。要学会转换思路，改变角度，这样你的效能自然会提升。

111

4. 打个颠倒，关键时刻豁然开朗

思路决定出路，这个说法得到了广泛的认可。那么怎样能使我们获得好思路呢？科学研究和实践证明逆向思维更能帮助我们获得成功。逆向思维也叫"求异思维"，它是对司空见惯的似乎已成定论的事物或观点反过来思考的一种思维方式。

逆向思维的优势极其突出，在日常生活中常规思维难以解决的问题，通过逆向思维却可能轻松破解。逆向思维会使你独辟蹊径，在别人没有注意到的地方有所发现并有所建树，从而出奇制胜；逆向思维会使你在多种解决问题的方法中获得最佳方法和途径。生活中自觉地运用逆向思维，会将复杂问题简单化，从而使办事效率和效果成倍提高。

有一家电台请来了一位商业奇才做嘉宾主持，很多人都想听听他成功的经验，他却淡淡一笑，说："我还是出道题考考你们吧！某处发现了金矿，人们一窝蜂地涌了过去，然而一条河挡住了他们的去路。这时，如果是你，你将怎么办？"

有人说绕道走，也有人说游过去，嘉宾只笑不说话，过了很久他才说："为什么非要去淘金呢？不如买船从事运送淘金者的营生。"

众人愕然，是啊，在那种情形下，即便你将那些淘金者宰得身无分文，他们也心甘情愿——因为过去就是金矿！

成功往往就隐藏在别人没有注意的地方，在别人一直向前冲的时候，你回过头来，就能发现它、抓住它并利用它，那么你就会有机会获得成功。

高效能人士大多善于思考"大家不做什么"和"大家还没有做什么"，这样在他人忽略的特殊领域，他们便能挖掘出实现自己人生价值的源泉。要想改善生命品质，首先要学会改变思维方式。

有这样一个故事，说的是圈里关着一头猪和一条狗。在圈的一端有一个踏板，每踩一下踏板，在远离踏板的另一端的投食口就会落下少量食物。如果猪去踩踏板，狗就有机会抢先吃到另一端落下的食物；同样，如果狗去踩踏板的话，猪就可以坐享其成。

猪为了抢到更多的食物，就拼命地去踩踏板。狗并不急于去踩踏板，只是舒舒服服地坐在那里。等猪一踩踏板，食物落下来，它就冲过去把食物占为己有。当猪气喘吁吁地从踏板跑到食槽时，食物早已成为狗的腹中餐了，于是猪只得再去踩踏板。如此这般，猪忙于奔跑在踏板和食槽之间，却始终得不到一口食物，最终累死了。

办事不讲方法，最后也只会被累死。用笨拙的方法办事，就会像那头累死的猪一样费力不讨好；用聪明的方法办事不仅省时省力，事半功倍，而且也是成就事业必不可缺的条件。逆向思维是找到聪明办法的必要支撑。

我们可能无法改变生活中的一些东西，但是我们可以改变自己的思路。有时只要我们放弃了盲目的执着，选择了理智的改变，就可以化腐朽为神奇。我们在碰壁的时候，不妨换个角度看看，也许会从另一方面看到成功在向我们招手。换一种方式思维，往往能使人豁然开朗并步入新境，也能使人从山穷水尽中看到峰回路转和柳暗花明。

1793年，守卫土伦城的法国军队发生叛乱。在英国军队的援助下，叛军将土伦城护卫得像铜墙铁壁，使前来平叛的法国军队怎么也攻不破。土伦城四面环水，而且有三面是深水区。英国军舰在水面上巡弋，只要前来攻城的法军一靠近，就猛烈开火。法军的军舰远远不如英军的军舰先进，根本无计可施，法军指挥官急得团团转。

就在这时，在平息叛乱的法国军队中一位年仅24岁的炮兵上尉灵机一动，当即用鹅毛笔写下一张纸条，交给指挥官："将军阁下：请急调100艘巨型木舰，装上陆战用的火炮代替舰炮。拦腰轰击英国军舰，以劣胜优！"指挥官一看，连连称妙，赶快照办。

果然这种"新式武器"一调来，英国舰艇无法阻挡。仅仅两天时间，英军的舰艇就被火炮轰得七零八落，不得不狼狈逃走。叛军见状，很快就缴械投降了。

经历这一事件后，这位年轻的上尉被提升为炮兵准将，他就是后来成为法国皇帝并威震世界的拿破仑·波拿巴！

拿破仑的成功源于在关键时刻改变思维方式，找到了有效解决问题的方法。从而使自己走上了一个新的台阶，获得了一个有高度的新起点！有了这样的新起点，才有了更大的舞台，才能吸引更多的人向自己看齐，才有更多的资源向自己汇集。

自 我 提 升

逆向思维最可贵的价值是它对人们认识的挑战，是对事物认识的不断深化，并由此而产生"原子弹爆炸"般的威力。所以我们应当自觉地运用逆向思维方法，创造更多的奇迹。

114

5.切忌将坚持与固执画等号

在某个小村落下了一场非常大的雨，洪水开始淹没全村。一位神父在教堂里祈祷，眼看洪水已经淹到他跪着的膝盖了。一个救生员驾着舢板来到教堂，对神父说："神父，赶快上来吧！不然洪水会把你淹死的！"神父说："不！我深信上帝会来救我的，你先去救别人好了。"

过了不久，洪水已经淹过神父的胸口了，神父只好勉强站在祭坛上。这时又有一个警察开着快艇过来，对神父说："神父，快上来，不然你真的会被淹死的！"神父说："不，我要守住我的教堂。我相信上帝一定会来救我的，你还是先去救别人好了。"

又过了一会儿，洪水已经把整个教堂淹没了，神父只好紧紧抓住教堂顶端的十字架。一架直升机缓缓地飞过来，飞行员丢下绳梯之后大叫：

"神父，快上来。这是最后的机会了，我们可不愿意见到你被洪水淹死！"神父还是意志坚定地说："不，我要守住我的教堂！上帝一定会来救我的。你还是先去救别人好了，上帝会与我共在的！"

洪水滚滚而来，固执的神父终于被淹死了。神父上了天堂，见到上帝后很生气地质问："主啊，我终生奉献自己，战战兢兢地侍奉您，为什么您不肯救我！"上帝说："我怎么不肯救你？第一次，我派了舢板来救你，你不要，我以为你担心舢板危险；第二次，我又派一只快艇去，你还是不要；第三次，我以国宾的礼仪待你，派一架直升机来救你。结果你还是不愿意接受，所以我以为你急着想要回到我的身边来。"

当人们遇到挫折的时候，往往会这样鼓励自己："坚持到底就是胜利。"有时候，这会陷入一种误区。即一意孤行，一头撞南墙，或者说固执。固执是坚持己见、不懂变通的心理现象。在日常工作中表现为缺乏民主作风且一意孤行，只相信自己不相信别人。固执心理对于领导者，尤其是主要领导者来说，其危害性是很大的。久而久之，领导班子民主作风削弱，战斗力削弱。既影响事业发展，也会使领导者处于苦恼的孤立地位。

有个想要买鞋子的郑国人，他先在家里量了自己的脚，然后把量好的尺码放在了自己的座位上。然而前往集市的时候，他却忘了带量好的尺码。他不知道自己该买什么尺码的鞋子，只好返回家去取量好的尺码。等到他再返回集市的时候，集市已经散了，他最终没有买到鞋。有人问他说："你为什么不用你的脚试鞋呢？"他说："我宁可相信量好的尺码，也不相信自己的脚。"

这个故事讽刺了那些固执己见、死守教条、不知变通且不懂得根据客观实际采取灵活对策的人。

当我们的努力迟迟得不到结果的时候，就要学会放弃，学会改变一下思路。其实细想一下，适时地放弃不也是人生的一种大智慧吗？改变一下方向又有什么难的呢？

两只比邻而居的青蛙，一只住在深水池里，不容易被人瞧见；另一只住在水沟里，这沟里的水很少，并且旁边有一条马路。

住在池里的那一只青蛙警告他的朋友，并请他改变他的住所，和自己同住。说自己的住处比较安全，也容易找到丰富的食物。但住在水沟里的青蛙拒绝了，他说搬离他已习惯的地方，他觉得很困难。几天之后，一辆笨重的货车经过那浅水沟，将他压死了。

坚持是一种良好的品性，但在有些事情上固执己见会导致失误，甚至会害了自己。坚持有执着的一面，我们做事情和处理问题都需要这样的决心和勇气，但切忌将"坚持"与"固执"画等号。

那么要怎样摆脱固执呢？

第一，从书籍中获得抚慰。法国数学家和哲学家笛卡儿说过："读一本好书，就是和许多高尚的人谈话。"实验表明，经常阅读伟大人物的传记，更能使那些固执的人得到心灵上的慰藉。丰富的知识使人聪慧，使人思想开阔，使人不拘泥于教条的陈规陋习。但是应该注意的是越有知识越要谦虚，为人处世要尊敬和信任他人。

第二，加强自我调控。要善于克制自己的抵触情绪，以及无礼的言语和行为。对自己的错误要主动承认，善于应用幽默。自我解嘲为自己找个台阶下，不要顽固地坚持自己的观点。

第三，养成善于接受新事物的习惯。固执的人往往思维狭隘，因而不喜欢接受新事物，对未曾经历过的东西感到担心。为此要养成渴求新知识、乐于接受新人新事，并学习其新颖和精华之处的习惯。

固执是非理性的，而坚持是经过理性的分析之后才做出的决断。当有人在你人生奋斗的途中向你提出某些方面的警告，一定要学会理智分析这些警告的真正含义，一方面不要因他人的劝解而轻易放弃自己的目标；另一方面也不要固执己见。

6. 你要努力，更要得力

有的人发现：自己也在很努力工作，忠于企业，然而成就却远远落后于他人。这是为什么？这时，请不要轻易抱怨，而应该先问问自己，问题到底出在哪儿？

优秀的员工都在努力工作，但他们之中的一些人会主动积极地为企业献计献策。当各种各样的问题发生后，他们会站在企业的角度，不推诿、不躲避，想方设法地解决，为企业提供更多的"附加值"，而不是指到哪儿动到哪儿，领导不说就不做。

每个企业都喜欢能够提出新思想、好方法的员工，因为这不仅能够解决工作中的实际问题，还有利于激活竞争力，善于创造性工作的得力员工是企业不可缺少的力量。

只有凡事想到位、落实好，才能创造更多的价值，也才能赢得更多的信任和机会，在工作中不断地成长进步，为自己的职业提供"附加值"！

下面两个年轻人的故事对我们或许都会有所启迪。

有两个同时大学毕业的年轻人，被同一家企业录用。两年以后，其中一位已经被提升为业务主管，而另一位却还在基层默默地工作。他觉得很委屈，因为他认为自己比得到提升的那位同学兼同事更加尽力。

第三年，他的同学已经被提到一个重要部门的经理位子上了。终于，他忍无可忍，向总经理递交了辞职信，并抱怨自己一直辛勤工作却得不到提拔，而其他人却一帆风顺。

总经理耐心地听着，他了解这个业务员在工作中很尽力，但似乎又缺少了点什么。后来他想到了一个主意。"这样，"总经理说，"你马上到客户那儿去一下，看看今天牌橄榄油出货的价格行情怎么样。"

没过一会儿，他就从客户那儿回来了，并向总经理汇报说："牌橄榄油客户今天售价138元/瓶，客户反映近期送货的时间比较长，我让他向公司客服反映，做个登记。"

"客户那儿现在还有多少存货？"总经理问。

这个业务员连忙又跑去，回来后汇报说："有52箱。"

"他现在卖的情况怎么样？"

这个业务员又一拍脑袋："那我再去问问他吧。"

总经理望着气喘吁吁的他说："你还是休息一会儿吧，看看你的同事是怎么做的。"说完叫来他的那位同学："你马上到客户那儿去一下。看看今天牌橄榄油出货的价格行情怎么样。"

这个年轻人也很快从客户那儿回来了，汇报说：牌橄榄油客户今天售价138元/瓶，存货还有52箱，近期出货量明显加大，考虑到马上会进入销售旺季，他已经给客户做了一个预进货的方案。

同时他还了解到客户现在正打算做一个市场促销活动，他看了活动的方案，给客户提了一些具体操作的意见，现在把客户的方案也拿回来了，请总经理有空时可以看一下。

另外，客户反映近期发货慢，他回来的路上联系了物流公司。物流公司解释是因为近期人手出现了问题，所以没有及时到货，以后不会出现类似情况。在沟通解决后，他马上打了电话向客户致歉并做了说明。

听着这一切，这个抱怨没有升职的业务员再也不说话了。

上面故事中，第二个业务员跑一趟就将所有的情况都弄清楚，并将所有问题给出了解决方案并处理完了。既省时省力，又扎实高效——卖力去做并不等于把事情做好做到位了，这是问题的关键。

既能想到位又能做到位。这样的员工显现出更大的价值，这就是他获得提升的真正原因。

日本JR电车每碰到下雨天一定会在车内广播："请不要忘了自己的伞。"但丢伞事件在车上还是时有发生。

有位员工提出了异议："一成不变的广播词有何意义呢？"这个广播无非是要提醒乘客注意，不要将伞遗失在车上了。但因为例行公事而没有新意，导致乘客出现了听觉"麻木"。

这位员工提出了一个好的想法，如果在广播中改说："目前送到东京车站遗失物管理处的雨伞，已超过300把，请各位注意自己手边的伞。"这样，乘客们一定会洗耳恭听。事实证明果真如此。

从此，忘记带雨伞的情形大为降低，乘客们对电车公司的细致服务纷纷表示满意，这位员工也因此得到了总经理的赏识。

我们可以换位思考一下：

如果你是老板，有人只要一遇到困难和问题就会来找你汇报，希望你出面摆平或解决，或者一个劲儿地抱怨客观情况如何不好，像一个问题的传声筒。你还会考虑将重要的位置留给他吗？

在你交付一件事情以后，尽管做到汗流浃背，有人还是不能如期高质量地完成。你还会再考虑将下一件重要的工作交给他吗？

答案是显而易见的。

正如GE公司前CEO杰克·韦尔奇所说："在工作中，每个人都应该发挥自己最大的潜能，努力地工作而不是浪费时间寻找借口。要知道，公司安排你这个职位，是为了解决问题，而不是听你对困难进行长篇累牍的分析。"

在一个纺织企业里，厂长视察后跟生产主管说："说实在的，我觉得现在员工的左右手反应太慢，工作效率极低，你能想想办法吗？"

这位主管略加思考后，建议厂长组织员工每天利用业余时间去练乒乓球，在轻松愉快中锻炼手部的反应能力。结果半年以后，员工的工作效率大大提高了，皆大欢喜。

这位主管处理问题的能力和思考的水平给厂长留下了深刻的印象，厂长认为他是一个得力的人才，后来重用了他。

记住这句话吧——贡献汗水，更要贡献智慧；要努力，更要得力！

日本东京贸易公司有一位专门为客户订票的小姐，经常给德国一家公司的商务经理预订往返于东京与大阪之间的火车票。

不久，这位经理发现一件看似非常巧合的事情：每次去大阪时，他的座位总是在列车右边的窗口，而返回东京时，又总是在靠左边的窗口。

有一次，这位经理把这件事告诉了订票小姐。这位小姐跟他说："日本的富士山景色秀美、风光迷人，很多外国客人都喜欢看它的景色。而火车去大阪时，富士山在您的右边，返回东京时它在您的左边。所以，每次我都会替您买相应座位的车票。"

这位德国客户听了非常感动，他当即决定把与日本这家公司的贸易额大幅提升。这就是用心工作取得的结果。

一家公司的经理收到一封非常无礼的信，信是一位代理商写来的。经理怒气冲冲地回复了一封同样很不客气的信，并叫秘书立即打印出来，马上寄出。对于经理的命令。这位秘书有四种选择：

第一种：照办。也就是秘书按照经理的安排，遵命执行，马上回到自己的办公室把信打印出来并寄出去。

第二种：建议。如果秘书认为把信寄走对公司和经理本人都非常不利，那么秘书应该想到自己是经理的助手，为了公司的利益，有责任提醒经理，哪怕是得罪了经理也值得。她可以这样对经理说："经理，这封信不能发，撕了算了。何必生这样的气呢？"

第三种：批评。秘书不仅没有按照经理的意见办理，反而向经理提出批评说："经理，请您冷静一点。回一封这样的信，后果会怎样呢？在这件事情上难道我们不应该反省反省吗？"

第四种：缓冲。就在事情发生的当天下班时，秘书把打印出来的信递给已经心平气和的经理说："经理，您看是不是可以把信寄走了？"

这位秘书选择了第四种"缓冲"。理由是：

第一种"照办"，对于经理的命令忠实地执行，作为秘书确实需要这种品质。但是仅仅"忠实照办"，仍然可能是失职。

第二种"建议"，这是从整个公司利益出发的。对于秘书来说，这种富于自我牺牲的精神固然难能可贵，可是这种行为超越了秘书应有的权限。

第三种"批评"，这种做法的结果是秘书干预经理的最后决定，是一种越权行为，是最不可取的。

第四种"缓冲"，在秘书的职责范围内。她用冷静的办法给了经理一段缓冲期，让他更好地审视自己的行为是否合适。

这位秘书正是以自己用心的工作态度，凡事想到位，仔细地考虑了种种利弊，既无越权之嫌，又收到了良好的效果。

有的人感叹自己一辈子注定只能拿死薪水，发展的前途渺茫。其实这时不妨扪心自问一下：“我负责的每项工作是否都用心地去做了？”“是否仔细研究了自己工作中的每个细节？”“为了给企业创造更多的价值，我是否在不断学习，提升工作技能，找到更好的工作方法？”“我对所做的每一件事都尽心尽力了吗？”

如果对这些问题无法做出肯定的回答，那就说明我们做得并不比他人好，也就不必疑惑为什么自己比他人聪明，却长期得不到提升了。

自 我 提 升

在每天的工作中，总有这样或那样的问题出现，企业迫切地需要那些勤于用脑、善于化解矛盾、处理问题的员工。一个用心思考、善于解决问题的员工对于企业来说是真正的高效能者。

7. 不受诱惑，只做你擅长的

在现代职场，有些人打拼了很多年，却依然碌碌无为，因为他们没有将自己的才干用在最有优势的工作上，没有做自己最擅长的事，撇开自己最擅长的工作，无异于抛弃了最重要的竞争优势。在你不擅长的领域寻求发展，即使你费了九牛二虎之力，克服了自己的弱点，你很快就会发现自己像在泥潭里挣扎一样，难逃失败的命运。

歌德曾经这么说："每个人都有与生俱来的天分，当这些天分得到充分发挥时，自然能够为他带来极致的快乐。"如果你希望体验到这份快乐，首先要做的就是了解自己的能力，看清自己的长处。

歌德曾经一度没能充分了解自己的长处，树立了当画家的错误志向，这个错误的志向让他浪费了十多年的光阴，却没有在这个领域里取得自己想有的成功，为此他非常后悔。美国女影星霍利·亨特也曾经竭力避免自己被定位为娇小精悍的女人，因为她不愿意面对自己，结果走了一段弯路。后来幸亏得到她的经纪人的引导，她重新根据自己身材娇小、个性鲜明、演技极富弹性的特点进行了正确的定位，出演了《钢琴课》等影片，并一举夺得戛纳电影节金棕榈奖和奥斯卡大奖。

当你还没有找到你自己的专长时也许你会说："我实在是太平凡了，根本没有什么特殊才能。"但是千万不要这么认为。即使是那些看起来很平常的人，也一定在某些特定的方面有杰出的才能。柯南道尔刚开始从业的时候是一个医生，他并不出名，后来却因为写小说而名扬天下。你可以在一张纸上列出你的强项和弱项，然后再综合分析下这些才能，你一定能找到自身的"闪光点"。

有一位知名的经济学专家曾经引用三个经济学原则做了贴切的比喻。他指出，正如一个国家选择经济发展策略一样，每个人应该选择自己最擅长的工作，才会胜任并感觉愉快。

第一个原则是"比较利益原则"。

当你把自己与别人做比较时，不必去羡慕别人，你自己的专长才是对你最有利的。

第二个原则是"机会成本原则"。

一旦做了选择，就得放弃其他的选择，取舍反映出工作的机会成本，所以你一旦做了选择，就必须全力以赴。

第三个原则是"效率原则"。

工作的成果不在于工作时间有多长，而在于成效有多少，附加值有多高。

虽然兔子在龟兔赛跑中得了冠军，大家都觉得奔跑是小兔子天生的本领，可是它不会游泳。有人认为这是小兔子的弱点，于是，小兔子的父母和老师就强制它去学习游泳。小兔子自己并不喜欢，但是它想大家都觉得这是我的弱点，我既然能得冠军，就一定要把自己的弱点消除，可是它耗了大半生的时间也没学会。它不仅很疑惑，而且非常痛苦。猫头鹰却对它说："你是为奔跑而生的，应该有一个地方让你发挥奔跑的特长。不可能你每个方面都要去争取冠军，做你最擅长的你才能出类拔萃。"

很多人花费了大量的精力去遵循一条不成文的定律：努力改正自己的弱点。他们都在集中力量解决问题，而不是去发现真正的优势。

一定要让猴子唱歌，一定要让鹦鹉举重，这不仅是残忍的，也是愚蠢的。

人不可能面面俱到，所以要学会舍弃，专心来做自己最拿手的事情，这一点说来简单，**做起**来很难。不仅要一心一意，还要不跟风，不动摇，如果今天看着这个好，做做这个，明天看着那个好，又做做那个，结果只会是一事无成。

你的专长就是自己的与众不同之处。这种专长可以是一种手艺、一种技能、一门学问，或者只是直觉。你可以是厨师、木匠、裁缝、鞋匠、修理工，等等，也可以是工程师、设计师、作家、企业家或领导者，等等。如果你想成功的话，不能什么都不是。成功者的普遍特征之一就是，他们都是在做自己最擅长的事情！

做自己最擅长的事还包括以下两种情况：

一、制定自己的职业计划时，不要脱离最擅长的方向。

专家通过对全球近百名成功人士的调查发现，一个人在制定计划时，最好不要脱离自己最擅长的方向。你有时会受到成功的诱惑，冒险投身于新的领域中。从某种程度上讲，这是正常的，而且也是有利的。但是如果你脱离了自己最擅长的方向，可能你会陷入很被动的局面，这样造成的损失会更多。

二、要处变不惊，经受住不同的诱惑。

财富、名声、地位，每个人都想同时拥有这些又做热门职业的工作。但是，现在的就业市场比股市行情的变化还快。随着社会的发展，新旧交替的行业越来越多，在面对这些变化时，一个人最怕的就是去随波逐流，而丧失自己坚定的信念。

王华毕业4年了，他很多大学同学都已经在各个领域里取得了相当好的业绩，可他却还没有找到一份满意的工作，因为他总想从事最热门的工作。IT业热时，他做电脑设计，网络兴起时又跳槽去做网络，当发现网络是个泡沫时，又去做保险，他认为这就是紧跟潮流的一种时尚……有一次一个好朋友问他："王华，你在大学里是学什么的？"他以为好友健忘，回答说："跟你一样，学计算机的。"好友又问道："那你觉得自己最擅长干什么？"王华想了想，说："还是计算机。"好友笑道："那你不做自己的专业，瞎跟着起哄干什么？你在和别人抢不属于自己的面包，能抢到手吗？属于自己的专长放着你却不用。"王华恍然大悟，重新应聘到了一家计算机公司。一年后，同学聚会，王华神采奕奕，因为他在自己最擅长的工作上做出了相当不错的业绩，受到上司的赞赏和同事的尊敬，同时也在工作中感受到了不断的快乐和满足。

因此，想从事一份最容易增强你的自信心的工作，就去做自己最擅长的工作；想在工作中尽快尽早地获得愉悦，就去做自己最擅长的工作；想得到更多的成就感，就去做自己最擅长的工作。总而言之，做自己最擅长的工作，更容易收获到成功的喜悦！

自我提升

　　成功来自于做自己最擅长的事情，一个人只有无怨无悔地，尽心尽力地去做自己最擅长的事情，才能享受到甘美的成功果实，如果一个人站错了自己的位置，选错了前进的方向，或者是并没有好好利用自己的特长去做自己擅长的事情，就等于放弃了自己区别于别人的优势，那么就容易迷失自己，难以取得成功！

第六章
若想高效省时，请先学会好好沟通

1. 人心难测就不要测，真诚沟通

　　不问，就不知道对方怎么想。不说，对方就不知道你怎么想。沟通的意义，就是让两个人、两个团队之间的壁垒逐渐打开，彼此了解心意，进而达成下一步的协商。

　　在现实生活中，我们有很多的事情做不来，并不是我们不会做，而是我们不敢去做；很多人事情办不好、工作做不好，不是能力不行，而是不懂得沟通的技巧，无法准确领会对方的态度。如果能走出胆怯的误区，大胆去做，大胆去说，做到"沟通无极限"，我们离成功就会更近一步。

　　很多人都喜欢猜心，但人心是捉摸不透的。因此，当我们想知道对方的想法时，不妨与之开诚布公地沟通，了解对方的想法，对方为什么要这样说、这样做。当你了解了对方，你会更好地理解对方，这将会为你缓解并减少人际交往中的不少矛盾。记住：以真诚沟通代替猜疑和假想，用客观的了解代替主观的认知，才能掌握事实的真相。

据《史记·陈涉世家》记载：西汉人陈平在陈胜、吴广起义后投奔魏王，但不为重用，便转而投奔项羽。公元前205年春，因司马卬背楚降汉，项羽迁怒于陈平。陈平不仅遭到了项羽的责备，而且他出的计谋也不再被采纳。陈平觉得自己成了受气包，说不定哪一天还会丢了性命，重要的是，他已看清了项羽不过一介鲁莽武夫，最终不可能得天下的。于是，他想起了汉王手下的魏无知，他是自己的老朋友，自己不如也去投奔刘邦。

陈平经汉将魏无知推荐，面见刘邦。两人纵论天下大事，十分投机。刘邦破例任陈平为都尉，留在身边做参乘，并命他监护三军将校。这一下引起了将领的不满，纷纷说他品行不端，贪图贿赂（也就是后人有时提起的"昧金"、"盗嫂"），认为这种人不值得信任。

刘邦听到大家这些负面意见，并没有着急责怪陈平，而是觉得陈平可能另有隐情，于是决定跟他谈谈。刘邦对陈平说："听说你原来侍奉过魏王，不合意又到项羽那里，现在又到我这里来了。请问，守信用的人怎能这样三心二意？"

陈平回答道："魏王咎非常固执，不纳忠言，我才投奔项王；项羽志大才疏，任人唯亲，所以我就离开了项王。听说汉王重视贤才，任贤使能，所以我才来投奔于你。离开项羽时，我把他赏给的东西和钱财，全部送还了他，现在我两手空空，不接受其他人的钱财我就无法生活，这难道也是错吗？如果大王听信谗言，不起用我，那么，我收下的那些礼物还没有动用，我可以全部交出来，请大王给我一条生路，让我辞职回家，老死故乡。"

寥寥数语，陈平澄清了自己过去的作为，道出了自己的想法。刘邦听后，觉得陈平的话很有道理，便赏赐了陈平许多钱财，并拜他为护军中尉，让他监督和考察所有的将官。从此，刘邦身边多了一个忠心耿耿又足智多谋的谋士，几次救刘邦于水火，功不可没。

在上例中，刘邦受他人的影响不知道陈平是否可信，于是便问："守信用的人怎能这样三心二意？"陈平知道他的经历让人起疑，于是把为何三易其主的缘由说出来，从而消除了刘邦的疑虑。两个人的沟通十分顺畅，心里没有了隔膜，以后做起事情来也就方便多了。

诸葛亮说过："促膝交谈而观其心。"有疑问就得主动寻求答案，沟通能够让心中的芥蒂消除，可以让以后的合作更加愉快，将事情往好的方向上推进。

伍斌大学毕业后，到一家纸业公司工作。在工作中，他发现一个奇怪的现象：同事们在老板发言时，总是保持"应声虫"的姿态，老板说什么，他们就跟着说什么。即使明明有其他的想法，在会上也不表达出来。

伍斌问同事，为什么大家有想法不提呢？同事们说："老板太有主见了，什么事都是自己拍板。我们担心提出自己的看法，老板听了会不高兴。"

"这样怎么行呢？"伍斌心想，"这不是一种积极的工作方法，这样下去，一些好的建议和点子都会被埋没了。"

有一次，老板在会议上让大家就"污水处理"一事展开讨论。同事们都不作声，等着老板给明显的暗示信息。

老板说："公司资金有限，目前处于起步阶段。"

有一个同事猜测老板不舍得花钱，便说："不要花这个冤枉钱，就在原来污水处理设施上稍加改进就行了。"老板连连点头。

正准备拍板时，伍斌却旗帜鲜明地提出了自己的看法。他说："企业不但要讲经济效益，还要讲社会效益；企业要长期生存、要跨越发展必须重视环保，环保绝不是花冤枉钱。"

听完伍斌的话，老板陷入了沉思。过了一会儿，说："这件事我再考虑考虑。"然后就宣布散会。

同事们为伍斌捏了一把冷汗，担心他的"反面言论"触怒了老板，纷纷劝他要"少说多做常点头"。但是，伍斌却坚定地说："当我认为自己说得对的时候，我一定会把话说出来。"

令同事们意外的是，没多久，老板就让伍斌拿出一套新污水处理设施的方案，并采纳了伍斌的意见。伍斌也因为提出新方案，成了这个方案的负责人。

伍斌为什么能赢得晋升的机会？就因为他敢于把不同的想法说出来。他的想法是为公司的长远发展提出来的，虽然乍听之初觉得不顺耳，但老板很快就领悟了他的意思，同意了他的看法。如果伍斌也像其他同事一样顺着老板的意思去说，不敢说出自己的想法，那么，他是否也能这么快地得到重用呢？

不表达出来的建议永远只是建议，大胆地表达出来，才能转变成成绩和效益。

自 我 提 升

要把自己的想法说出来，还要引导对方说话，让对方也把心中的想法说出来。开诚布公，顺畅沟通，在信息透明的时候，合作才是最高效、最省时的。

2. 这么说，别人就会主动帮你忙

生活中，向人求助时，别忘了要循序渐进，掌握一些策略和技巧。

一阶一阶往上登

要是一下子向别人提出一个较大的要求，人们一般很难接受，而如果逐步提出要求，不断缩小差距，人们就比较容易接受。这就是所谓的"登门槛效应"。

一列商队在沙漠中艰难前进，昼行夜宿，日子过得很艰苦。

一天晚上，主人搭起了帐篷，在其中安静地看书，忽然，他的仆人伸进头来，对他说"主人啊，外面好冷啊，您能不能允许我将头伸进帐篷里暖和一下？"主人是很善良的，欣然同意了他的请求。

过了一会，仆人说道："主人啊，我的头暖和了，可是脖子还冷得要命，您能不能允许我把上半身也伸进来呢？"主人又同意了。可是帐篷太小，主人只好把自己的桌子向外挪了挪。

又过了一会儿，仆人又说："主人啊，能不能让我把脚伸进来呢？我这样一部分冷、一部分热，又倾斜着身子，实在很难受啊。"主人又同意了，可是帐篷太小，两个人实在太挤，他只好搬到了帐篷外边。

当个体先接受了一个小的要求后，为保持形象的一致，他可能接受一项重大、更不合意的要求，这叫作登门槛效应，又称得寸进尺效应。

心理学家认为，一下子向别人提出一个较大的要求，人们一般很难接受。如果逐步提出要求，不断缩小差距，人们就比较容易接受。这主要是由于人们在不断满足小要求的过程中已经逐渐适应，意识不到逐渐提高的要求已经大大偏离了自己的初衷。

登门槛效应通俗地说，就像我们登台阶一样，我们要走进一扇门，不可以一步飞跃，只有从脚下的台阶开始，一个台阶、一个台阶地登上去，才能最终走进门里。

想操纵别人，让别人做一件事，如果直接把全部任务都交给他往往会让人家产生畏难情绪，拒绝你的请求；而如果化整为零，先请他做开头的一小部分，再一点一点请他做接下来的部分，别人往往会想，既然开始都做了，就善始善终吧，于是就会帮忙到底。

两个人做过一次有趣的调查，他们去访问郊区的一些家庭主妇，请求每位家庭主妇将一个关于交通安全的宣传标签贴在窗户上，然后在一份关于美化加州或安全驾驶的请愿书上签名，这都是一个小而无害的要求。很多家庭主妇爽快地答应了。

两周后，他们再次拜访那些合作的家庭主妇，要求她们在院内竖立一个倡议安全驾驶的大招牌——该招牌并不美观——保留两个星期。结果答应了第一项请求的人中有55%的人接受这项要求。

他们又直接拜访了一些上次没有接触过的人，这些家庭主妇中只有17%的人接受了该要求。

这些主妇的想法差不多是这样的：既然已经在刚开始时表现出助人、合作的良好形象，即便别人后来的要求有些过分，也不好推辞了。生活中，要想说服别人答应自己的要求，就需要借鉴登门槛效应。

如果你有一件棘手的事想请人帮忙，或者某个要求想征得别人同意，最好不要直接说出来。而是在提出自己真正的要求之前，先提出一个估计对方肯定会拒绝的大要求，待别人否定以后，再提出自己真正的要求，这样，别人答应自己要求的可能性就会大大增加。

告诉他，他不做是因为他不敢去做

人的心理有一种特性，往往越受压迫反抗心越强。如果你要他人办一件什么事，请求没有用的情况下，你可以反向地刺激他，将对方激怒。"你不去做，是因为你不敢去做吧？""我想你可能也没什么办法。"你这样说，对方心里一定会想："谁说我不敢？""你怎么知道我没有办法？""我偏要做给你看！"这样，你就达到了自己的目的。

在《西游记》中，孙悟空就经常对猪八戒使用激将法，让他主动去降妖。激将法往往能在争强好胜、虚荣的人身上起到比较明显的作用。比如，你去逛商店，售货员看你穿戴不怎么样，就蔑视地对你说："这件衣服恐怕不是您这个层级的人买的。"你可能会勃然大怒，人活着就为了一口气，一定不能让对方把你看扁了："有什么了不起的，我今天还真买了。"于是，不管自己是否喜欢或是否需要，你一怒之下就将它买了下来。

在《红楼梦》中，王熙凤是个很厉害的人物，她周围的人不受到她的算计就很不错了，怎么才能求她办事呢？如果懂得了她争强好胜的心理，也能控制她的行为。

老尼净虚在长安县善才庵出家的时候，认识了一个张大财主的女儿——金哥。金哥到庙里进香的时候，被长安府府太爷的小舅子李衙内看中，要娶她，可是她已经被聘给了原任长安守备的公子。两家都要娶，金哥家左右为难。守备家不管青红皂白，上门来辱骂，张家被惹急了，想退还聘礼，所以派人上京城寻找门路，希望能找个中间人写一封信，解决这件事。只要能顺利退了聘礼，张家愿意倾家答谢。

凤姐漫不经心地听净虚说这事，然后表明自己的态度，我又不等银子使，所以也用不着去帮这个忙。

这个时候，净虚有些失望，便使出了激将法。她说："虽如此说，张家已知我来求府里，如今不管这事，张家不知道没工夫管这事，不稀罕他的谢礼，倒像府里连这点子手段也没有的一般！"

这句话让凤姐立即改变了态度，大声说："你是素日知道我的，从来不信什么是阴司地狱报应的，凭是什么事，我说要行就行！……你叫他拿三千两银子来，我就替他出这口气！"

这句话正中了净虚下怀。她马上赔笑说，是的。既然你已经答应了，那明天就"开恩"办吧？

凤姐自我膨胀，马上说："你瞧瞧我忙的，哪一处少得了我？既应了你，自然快快地了结。"

净虚又乘机奉承她："这点子事，在别人的跟前就忙得不知怎么样，若是奶奶的跟前，再添上些也不够奶奶一发挥的。只是俗语说的，'能者多劳'，太太因大小事见奶奶妥帖，越发都推给奶奶了，奶奶也要保重金体才是。"

一路话让凤姐听得十分受用，静虚求凤姐办的事自然也不在话下。

当净虚"恳求"凤姐的时候，凤姐表现出漫不经心，"这点事我才懒得帮呢"是她当时的心理；可净虚一激她"倒像府里连这点子手段也没有的一般"，她好强的心理马上就占了上风。

所以，你想让别人做某件事，当"恳请"没有用的时候，不妨利用他想表现自己的心理，以及逆反心，若无其事地用一用激将法，也许反而更容易达到预期的目标。"你不办，是因为你办不了吧？"这句话在好强人的心里分量是很重的，因为他们极不愿意被人看扁。

这个方法对于那些好胜心强、虚荣心强、自我膨胀欲望强烈的人更加受用。我们经常看到老师和家长们在小孩的教育上用这一招。

小雅是一名幼师，她教小孩们唱歌、做游戏，孩子们都乖乖地听她的话。在别的老师的课堂上，孩子们都乱成一气，全然不顾老师的话，很是调皮，只有在她上课的时候，孩子们才积极主动地被她牵制。比如当孩子们对英文单词不感兴趣的时候，她会说："你来试试，大概写不出来吧？"她一边说，一边在黑板上写一个正确的新词，让孩子来模仿，孩子们就会争先恐后地举手希望来试试，想证明自己是个聪明的孩子。于是，孩子们的学习兴趣被她很轻松地调动起来了。

孩子们的自我表现欲望如此强烈，大人们其实也一样。你如果动不动就对人说"你应该这样去做……""我求你去做……"倒不如对他说"我不相信你能做好"的效果更好。

找到一个人就行了，避免"责任分散"

有时候向很多人求助，不如向某一个人求助，并强化他的责任，也就是说认定了某一个人能帮助你，而不要给太多人踢皮球的机会。

虽然说，助人为快乐之本，但并不是每个人在每种情况下，都愿意帮助别人，特别是当人们觉得自己"没有责任和义务"去帮助他人的时候，就很难主动去帮助他人。而什么情况下，会导致人们认为自己"没有责任和义务"呢？那就是人多的情况下。

有一个古老的故事叫作"一个和尚有水吃，两个和尚抬水吃，三个和尚没水吃"，就是这个情况的典型反映。你以为人多力量大，其实，有时候人多力量反而小，1+1<2的情况经常有，因为人们身上普遍都存在着惰性和依赖性，在大家一起工作的时候，这种现象就更加突出。比如，我们经常在找他人办事的时候，遭遇被多个人"踢皮球"的情况。对方你推我，我推他，结果没有一个人愿意为你解决问题。

售前部的小罗接到B地客户打来的电话，客户最后通牒，项目建议书如周五前还不能提交则后果自负。小罗于是开始走售前支持流程，请相关部门协助。

首先小罗按售前支持照流程找到方案准备部，请他们写。但该部张经理马上抱怨说另一个大项目下周就要投标了，老总还亲自过问了这事，这几天全部门的人还搭上技术部加班加点地干，哪有空写。

小罗只好直接找技术部。毕竟项目的最终实施由技术部负责，而且现在技术部正做着同类项目在A地区的开发。但技术部经理说B客户合同还没签呢，应该是方案准备部的事，况且技术部现在也没空写。

见小罗一脸无奈的样子，经理指给他一条路，原先在项目组的小林现在有空，看看他是否愿意帮忙。

小罗心里一喜，赶紧去找。听明来意后，小林说，虽然我现在有空，但也帮不了你，因为写这份建议书涉及B地的许多资料，他一直没接触过，看过资料后再写要花至少一周时间。

可怜的小罗就在单位中被人踢来踢去，问题还是没解决，结果被老总骂了一顿。

如果要求一个群体共同完成任务，群体中的每个个体的责任感就会较弱，面对困难、担当责任时往往会退缩。因为当一件事情，可以做的人多了，人们就会觉得并非一定要自己做。人们会想，"既然大家都可以做，凭什么要我做？""他能帮你，你去找他吧！""我还是少管闲事吧！"这种现象在心理学上叫作"责任分散效应"。

当一个人遇到紧急情况时，如果只有他一个人能提供帮助，他会清醒地意识到自己的责任。而如果有许多人在场的话，帮助求助者的责任就由大家来分担，造成责任分散。

所以，请求别人帮忙的时候，一定要考虑到他人是否有责任分散的心理。而要打破这种心理，就要让对方感到帮助你是他一个人的责任。

小李在下班回家的路上，正好遇到一个小孩子落水了，很多人在围观，却没有一个人跳下水去施救。小李非常着急，他想救人，自己却是个旱鸭子。怎么办呢？

这个时候，他看到围观的人中有一个他认识的人——小区外面报刊亭的杨老板。他曾听说杨老板经常游泳。于是，他大声朝杨老板喊道："杨老板，还不赶快救人啊！"随着小李的喊声，大家的目光都投向了杨老板。

杨老板马上不好意思了，觉得自己再不救人，就会受到众人的唾骂。于是，赶紧跳下水去。

有时候向很多人求助，不如向某一个人求助，并强化他的责任，也就是说认定了某一个人能帮助你，而不要给太多人踢皮球的机会。

自 我 提 升

人心都是肉长的，只要是人，都有七情六欲，都有受感动的时候。沟通的时候，不妨试试以情动人，让他为你感动，从而信任你、帮助你。

3. 真诚不是口无遮拦，说实话也要看场合

某项社会调查显示，如果一个人能够在工作和生活中保持实话实说的态度，那么他人的评价会集中在随和、亲切等积极的方面；反之，如果一个人总是谎话连篇，那么他人对他的评价往往是隔膜、有距离感、缺乏必要信任。

然而，话虽这么说，但说实话也是需要讲究方法、场合的。

出于人性的必然，每个人无论处在何种地位，也无论是在哪种情况下，都喜欢听好话，喜欢受到别人的赞扬。的确，工作很辛苦，能力虽然有大有小，毕竟是尽了自己的一份力量，当然希望自己的努力得到他

人和社会的承认；虽然每个人的形象各异，思想各异，但是没有人喜欢听到别人对自己说"你的形象不佳，不太适合学表演""你的思想太落伍了"。

会处世的人，即使觉得他人干得不好，不适合做什么，也不会直言相对；那些忠直的人，此时也许要实话实说，但这会让人觉得你太过鲁莽直率，容易得罪人。

生活中，有时候还是需要点"谎言"的，因为实话并不总受欢迎。

比如甲认为同事乙的衣服难看，便马上对她说："腿短而粗的人不适合穿这种裙子。"结果，乙脸一红，扭头便走，留下甲发愣。或者甲当着公司经理的面指点丙说："你的稿子里错别字很多，以后要仔细些。"实话固然是实话，但不久却隐约有人传言，甲惯于在上级面前打击别人，抬高自己……倘若如此，甲恐怕会意识到自己的真诚并不那么受人欢迎，既然这样，还不如当初就保持沉默。

怎么做才能既表达出我们的真实感受，又不伤害别人呢？正确的方法是先要学会"顺情说好话"。

其实，现实生活中经常见到"说谎"的人，比如朋友让你看一下他新买的衣服，明明你不喜欢，但是如果你说不好看，只会打击他的自尊心，于是你只好说："很好看，并且非常适合你。"

同事做了一个项目，明明非常普通，他还要拿到经理那里去显摆一下。为了不让他去丢人，你如果说："你的这个项目一点创意都没有，还是不要给经理看了。"这样，势必让他对你产生反感。于是你只好说："很不错的想法，不过，最好自己再修订一番，然后拿给经理看也不迟。"

一个相貌平平的朋友，非要去参加选美，如果你直接阻止她，她不但会认为你不懂欣赏她的姿色，反而会觉得你根本就是在嫉妒她。所以你只能说："毋庸置疑，你的形象很好，但是选美还会牵扯到其他很多事情，你最好再考虑一下。"

所以说，真诚并不等于不假思索地将自己的感觉和想法说出来。很多时候，你的想法是否正确也尚是一个需要判断的问题。在日常生活中，人们对事物的看法都属仁者见仁，智者见智，本无所谓对错，比如个人的衣食住行、穿衣戴帽、兴趣爱好，等等。如果你仅仅以个人主观喜好来评判一个人的想法、态度或者行为，那么，你的实话实说只能让别人对你产生不好的印象。

自 我 提 升

与人交流时，不要以为内心真诚便可以不拘言语，其实生活中需要些善意的谎言，我们应学会委婉地表达自己的观点，做个受欢迎的人。

4. 如果你爱面子，那就不要伤别人面子

与其伤了别人的面子，不如给对方一个面子，你能做到经常为对方着想，对方才可能为你着想。

汉王四年，韩信平定了齐国，他向汉王刘邦上书："我愿暂代理齐王。"刘邦大怒，转而一想，他现在身处困境，需要韩信，就答应了。韩信力量更加壮大，齐国人蒯通知道天下的胜负取决于韩信，就对他说："相你的'面'，不过是个诸侯，相你的'背'，却是个大福大贵之人。此时，刘、项二王的命运都悬在你手上，你不如两方都不帮，与他们三分天下，以你的贤

才，加上众多的兵力，还有强大的齐国，将来天下必定是你的。"

韩信说："汉王三待我恩泽深厚，他的车让我坐，他的衣服让我穿，他的饭给我吃。我听说，坐人家的车要分担人家的灾难，穿人家的衣服要思虑人家的忧患，吃人家的饭要誓死为人家效力，我与汉王感情深厚，怎能为个人利益而背信弃义？"

过了些天，蒯通又去见韩信，而且告诉韩信时机失去了便不再来，韩信犹豫了，最后没有背叛刘邦，只是因为刘邦对他的深重情义。

我们姑且不论刘邦以后如何处死了韩信，但就人情世故而言，刘邦很成功，他令韩信在想到背叛时心中想产生了愧疚，不忍去做。

通晓人情从反面讲，就是要"己所不欲，勿施于人"。如果你爱面子，那你就不要伤别人面子；你要尊重，就不能不尊重别人。"只许州官放火，不许百姓点灯"这样的事，不是没有人做过。

项羽就是其中之一。他虽然有"霸王"的美称，却只有霸者的习气，没有王者的风范。他自己想称王，却想不到手下的弟兄也想做官。该赐爵的时候，爵印就在他手里，棱角都磨损了，可是他还是舍不得颁发下去。

因此，与其说项羽败给刘邦，还不如说他输给了人情。

生活中也许没有很大的"人情"，但是也别小看这些积少成多的"面子"。

某个乡镇企业家，因与地方上的一名知名作家结怨而心烦，多次央求地方上的有名望的人士出来调解，对方有点文人脾气，软硬不吃，就是不给面子。

后来他的表弟来探亲，主动提出化解双方的恩怨。他亲自上门拜访作家，做了大量的说服工作，好不容易使作家同意和解。按常理，表弟此时不负重托，完成这一化解恩怨的任务，可以抽身而出了。可他还有高人一着的棋，有更巧妙的处理方法。

他对那位作家说："这个事，听说过去有许多当地有名望的人调查过，但因不能得到双方的共同认可而没能达成协议。这次我很幸运，你也很给我面子，让我了结这件事。我在感谢你的同时，也为自己担心。我毕竟只是外乡人，在本地人出面不能解决这个问题的情况下，由我这个外地人来完成和解，未免使本地那些有名望的人感到丢面子。"接着他进一步说："这件事这么办，请你再帮我一次，从表面上要做到让人以为我出面解决不了问题。等明天我离开此地，本地的一些名人还会上门，请你把面子给他们，算作是他们完成的这一美举吧，拜托了。"

这位作家非但没有生气，反倒觉得这人真的是一个很替别人着想的人，本来对和解还有几分勉强，这么一来便心甘情愿了。后来作家把这事情写成文章发表在杂志上，这事情很快传开了，那位表弟因此获得了单位领导的器重。

由此可见，给人留足面子，许多事情就迎刃而解了。

当你对朋友的所作所为有意见时，劝诫的时候也要给朋友面子。你最好先说，"你的某某事做得挺棒，效果、反应都不错"，然后，你再用"就是""但是""不过"等来做转折。每个人都明白，这些词语后面的才是真正要说的话，但前面的话一定要说，因为它不是假话，也不是废话，而是为营造一种和谐气氛的客气话。直来直去的语言会扫了对方的面子，让对方心中对你产生反感。所以，委婉的话少不了。如果你不能用心良苦，为朋友着想，保全朋友的面子，那么朋友脸上挂不住自己也会弄得不好意思。

当然，给别人面子要给得恰当，不恰当就是不给面子。如果被请之人面子很大，而你又没有给他应有的待遇，则会弄巧成拙，把给面子的事情弄成了极伤面子的事情。如果伤了人家的面子，那么，你要懂得及时补偿。

因为人人都要维护自己的面子，所以就会在社会交往中发生这样的事，两个争执的人常会找第三方——比如你——来评理，让你给他们分个高下。

这时，为了你们的友谊不受伤害，你就需要让他们平息纷争，能解决了问题最好，不能解决实际的问题，至少也要给足双方面子，不能厚此薄彼，这就是"打圆场"。"打圆场"运用得好，可以融洽气氛、联络感情、消除误会、缓和矛盾、平息事端，还有利于应付尴尬、打破僵局、解决问题。因此，"打圆场"是人际交往中人们必须具备的一种社交技能。

A和B在同一间办公室工作。一次，A去市府听报告，B不知道，因此对A很有意见，当面质问A为什么不告诉他听报告的信息，两人因此而大吵起来。这时候部门领导了解吵架的原因后，对A说："听报告没有通知你，这不是B的错，是我没有要他通知你，因为你们两个人有一个人去听报告就行了。你如果有意见就对我提吧，不要责怪B。"A听后，觉得自己错了，于是主动向B致歉，部门领导又对B说："A是把你当好朋友，所以才这样有什么跟你说什么，发火也不掩饰，要是换了别人，当面不说，暗地里整你不是更不好吗？"B听了，觉得A脾气是不好，但是为人却很坦白有什么说什么，反倒放下心里的石头了，于是大方地接受A的道歉，他们又和好如初。而那位部门主任在他们心里的地位更是大大提高了，A和B都觉得这个领导值得信赖，有亲和力。

无论做什么事情都有诀窍，打圆场也有打圆场的学问。归纳起来，主要有以下几点：

一、揭示矛盾的症结所在，引导双方自省。当双方为某事争论不休，各说一套、互不相让时，作为矛盾的调解人，无论对哪一方进行褒贬过分地表态，都犹如火上浇油，甚至会引火烧身，不利于争端的平息。因此，此时你只能比较客观地将矛盾的真相说清楚，而不加任何评论，让双方从事实中反省自己的缺点或错误，使矛盾得到解决，达到消除误会实现团结的目的。

二、将双方有争议的话题岔开，转移注意。如果不是原则性的争论，双方各执己见，那么这场争论又没有必要再继续下去，作为第三者，如果仅仅向双方力陈己见，理论一番，恐怕不会有效。这时，你不妨岔开话题，转移争论双方的注意。

三、巧用调虎离山，暂熄战火。如果任由一些无原则的争论发展下去，它就会变成争吵，甚至大动干戈。如果双方火气正旺，大有剑拔弩张、一触即发之势，第三者即可当机立断，借口有什么急事（如有人找或有急电）把其中一人支开，让他与另一个人暂时脱离接触。等过一段时间他们消了火气，头脑冷静下来了，争端也就趋于平静了。

四、对双方的论点进行归纳后，公正评价。假如争论的问题有较大的异议，而双方的观点又都有偏颇，但是本质十分接近，只是由于自尊心，双方又都不肯服输，那么第三者应照顾双方的面子，将双方见解的精华进行系统地归纳，也将双方观点的糟粕整理出来，做出公正评论，阐述较为全面的双方都能接受的意见。这样，就把争论引导到理论的探讨、观点的统一上来了。

五、巧妙地联络感情，寻找共同点。假如你想让两个彼此成见很深的人消除前嫌；假如你的亲人突然遇到过去关系很坏的人而你又在场；假如你作为随从人员参加的某个谈判暂处僵局……作为第三者，你需要做的事情就是联络双方的感情，努力寻找双方心理上的共同点或共同感兴趣的问题。有的时候一幅名画、一张照片、一盘棋、一个故事、一则笑话、一句谚语、一段相同或相似的经历，乃至一杯酒、一支烟都可能成为双方感兴趣的话题，都可以成为融洽气氛、打破僵局的契机。

社交场合，你给我面子，我也给你面子；你不给我面子，我也不会让你好过。这叫以牙还牙，以眼还眼。这便是社会交往中人心的险恶之处。无论恩仇，你都会得到对方的回报，正如老子说的那样"来而不往非礼也"。

5. 必须先求同，再存异

不要争论，不要说"你错了"，如果对方坚持己见，不要跟他的思路拧着干。先顺着他的意愿说话，然后再伺机向他兜售你自己的想法，这样的沟通才是愉快的，有成效的。

相信很多人都有过这样的抱怨："我以后再也不给某某某提意见了，他根本就不听。""我的观点明明是正确的，他为什么要反驳？"

说过这句话的人一般会有两种结果，第一种是再也不提意见，只在下面发牢骚过嘴瘾；第二种是发扬"知其不可而为之"的大无畏精神，继续提，跟对方争个脸红脖子粗，最后丝毫不解决问题。有这两种结果的人，可以说，都还没有摸到沟通的门道。

心灵导师卡耐基说："跟别人交谈的时候，不要以讨论异见作为开始，要以强调而且不断强调双方所同意的事情作为开始。不断强调你们都是为相同的目标而努力，唯一的差异只在于方法而非目的。'求同存异'，必须先求同，再存异，如果一开始就把关系搞僵，再想挽回就得花费更多时间和精力。"

孔祥是一家德国电子公司驻中国区的销售主任，公司要推广一个新产品，他照例参加例会。会上，经理拿出一个他设计的商标征求大家意见。经理说："这个商标的主题是旭日，旭日很像日本的国徽，日本人一定会喜欢，从而产生购买愿望。"

大部分部门主管人员都极力恭维经理的构想，但孔祥却说："我有一个小小的意见。"全室的人都盯着他，经理也显得很吃惊。

孔祥并没有滔滔不绝地阐述他的观点，也没有立即否认经理的设计，而是说："恐怕它太好了。"经理感到纳闷儿，脸上却带着笑说："什么意思？我不太明白，解释来听听。"

"这个设计与日本国徽很相似，日本人确实会喜欢，然而我们面对的一个重要市场是中国，中国人看到日本国徽后，他们还会产生好感吗？这是不是同公司要扩大对华贸易相抵触？会不会有点顾此失彼？"

"天哪，你的话高明极了！"经理叫了起来。于是，孔祥避免了一次决策上的重大失误。此事被汇报到上级领导那里，孔祥受到了特别嘉奖。

擅长沟通的人都是这样，拿捏说话的分寸和火候，每一句话都要说得有策略性。向有权威的人士表示反对或拒绝，你一定要有充分的理由，还要注意技巧。孔祥的一句"恐怕它太好了"抚平了经理的不悦，保住了经理的体面，同时他的反对意见也被经理所接纳了。这便是提出异议的高明所在。

打个比方吧，你看那小孩子吃药，舌尖一碰到苦药片就哇地哭起来，再想让他吃下去比登天还难。但是你如果把药片弄碎，混到白糖里面，连哄带骗地给他吃下去，虽然过后他也会吧唧小嘴说"苦"，却不至于当场就大哭大闹。

给人提意见就跟给小孩子喂苦药片差不多，不管是领导还是一般同事，真正爱听反对声音的人并不多。要自觉遵守这个潜规则，把自己的话裹上一层糖衣。就算你心里认为自己的方法是好的、观点是对的，也不要用固执的姿态表现出来，而是要给对方留个台阶，先肯定，再阐述自己的意见。

自 我 提 升

先说"好"，再说"但是"，这样一个看似狡猾的转折之中却有着很大的学问。先肯定对方，消除争论的隐患，制造出愉悦的气氛，然后再提出不一样的看法，让对方乐于接受。

6. 人在江湖飘，很多东西是"听"来的

人在社会上闯荡，很多东西是"听"来的。请老前辈讲职场心经，听同事讲自己的"滑铁卢"，听领导批评指导，听周围人的"小道消息"。人长了一张嘴、两只耳朵，就是让你少说多听。你必须掌握各方面的信息动向，才能将其消化于心，形成自己的处世价值观和生存策略。所以，人一定要学会倾听，以此来更多地了解别人、了解这个社会。

善于倾听是建立良好人际关系的手段，善于倾听无形中会起到褒奖对方的作用。例如，一名推销员向某位顾客推销时，对顾客提出的种种问题表示关切，顾客就会感到很开心。见到此状，便应进一步表现出自己会是他很好的听众，促使顾客不仅乐意讲，也愿意让你听他讲，这是一种互惠的关系，而这种关系就是商谈成功的第一步。无论哪一种顾客，对于肯听自己说话的人都会特别有好感。

胡雪岩是著名的"红顶商人"，他与人沟通的最重要的技巧之一就是倾听。作者高阳在书中是这样描述胡雪岩："其实胡雪岩的手腕也很简单，胡雪岩会说话，更会听话，不管那人是如何言语无味，他都能一本正经，两眼注视，仿佛听得极感兴趣似的。同时，他也真的是在听，紧要关头补充一两语，引申一两义，使得滔滔不绝者，有莫逆于心之快，自然觉得投机而成至交。"

如果你能够练成胡雪岩的这个本事，给领导、同事、客户都奉献出一对倾听的耳朵，赢得他们的好感，你就变成了"人见人爱，花见花开"的小可爱。

受欢迎仅仅是倾听带来的好处之一，倾听更大的好处是收获信息。21世纪是信息时代，谁占有了大量信息，谁正确理解了信息，谁准确地利用了信息，谁就会更大可能地获得成功。

李蔚是四川大学教授、博导、四川营销学会会长，十多年来，李教授接触了两千多家企业，通过当顾问和办培训班接触了两万多名企业家，帮助很多企业书写了一个个财富神话。在他给企业家们"讲课"的过程中，感慨的最多的是"很多人不会听"。李蔚说："有很多企业家心态摆不正，我说十句只要他能听进去一句，我就觉得不错了。"

但是，也有例外。广州好迪的老总黄家武就是善于"倾听"的典范。有一次他和李蔚讨论问题，俩人意见不同，吵了个天翻地覆。两个月后，李蔚都不记得这件事了，黄家武打电话兴冲冲地告诉他，新产品生产出来了。李蔚一愣，他早就把那番高论忘记了，但是黄家武"吵架不忘倾听"，他把同李蔚争吵的内容来了个全盘消化吸收，取其精髓融合到自己的企业当中去，抢占了珠江三角洲的大片商机。

李蔚对黄家武说："你是一个很有思想的企业家，你的企业一定前途无量。"李蔚解释说："企业家有三类，一类是你说什么他都觉得对，没主见；一类是你说什么他都不听，油盐不进；一类是把任何人说的话都消

147

化成自己的东西，有用的吸收，没用的抛弃，这才是最有潜力的。黄家武就是这样的企业家!"

可见，倾听是所有追求成功的人必须养成的一个习惯，甚至是一种技能。你在听对方的谈话中可以获得别人的生活经验。灵活运用别人的经验，可以使你少走弯路，减少失败。

怎样做才是"会听"呢？首先，要认真。仔细认真地倾听对方的谈话，是尊重对方的前提。热情友好地对待对方和及时肯定对方的谈话，是尊重对方的重要内容。其次，要把对方的话听到最后。谈话的内容多种多样，不把话听到最后就不知道说话者的真正意思。因此，不管说话是哪种方式，不管说话的内容是什么，都要坚持听下去。成为一个好的听众，就是普通人向成功迈进的一大步!

自 我 提 升

认真倾听可以让讲话人一吐为快，产生相见恨晚之感，从而牢牢抓住讲话人的心。知道怎样倾听别人说话，以及怎样让他开启心扉谈话，是你制胜的唯一法宝。更恰当的说法是：你应该学会引导对方谈话，诱导对方说出他想表露的一些真实的东西和看法。

7. 如果代价太高，一开始就要拒绝

很多人认为，讨好别人是获取好人缘的最好方式，那么对于别人的请求和要求，自然不能拒绝。或许这样真的可以得到好口碑，可失去的却是你自己的生活。因为当你对别人的要求照单全收之后，生活的主动权也就拱手交给了他人。

有人说，逆来顺受才能飞黄腾达，言听计从才能相安无事。这似乎已经成了很多人为人处世的最高准则。所以，我们在面对来自于他人的压力时，只能默默承受，因为如果表示反抗和拒绝，可能就会给自己惹来很多麻烦：家人的冷眼，朋友的绝交，领导的不满，客户的投诉，同事的忌恨……似乎只要说出一个"不"字，这个世界马上就会抛弃我们。于是为了维护自己的人脉，为了顾全自己的脸面，不得不选择委曲求全。

可是这样做真的有用吗？

小何是刚进公司的大学毕业生，因为资历浅，工作经验也不足，所以领导还不放心把比较复杂的工作交给她，只让她负责一些行政方面比较简单的事情，比如收发邮件、打印报告或是帮领导送个东西等。

但是，人毕竟要成长，半年的时间过去以后，小何变得越发成熟，对公司的各项业务也都了然于胸了。因此领导重新调整了她的岗位，让她开始参与一些更为重要的工作。可是，在很多同事眼里，小何还是那个刚进公司的小姑娘，总是不自觉地将一些琐事交给她去做。

"小何，把昨天的那份报告帮忙拿过来。"

"小何，受累帮我订一份午餐。"

"小何，我的办公桌有点乱，你不忙的时候帮我收拾下吧。"

……

新的岗位本来就有很多工作等着小何去做，可是她又不好意思拒绝同事们的各种请求。于是，她一边帮同事处理琐事，一边做自己的工作。但一心终究不能二用，她的"热心肠"使她在本职工作中经常出现很多不必要的疏漏。

有一次，小何正在赶制表格，部门的一位同事找到了她，想让她帮忙把一份材料送到分公司。本来小何有心拒绝，可又怕因此影响了同事之间的关系，还是不情愿地放下了自己手头的工作去帮了忙。可当她回到公司以后，遭到了领导的严厉批评。领导认为她工作不专心，耽误了文件完成的进度。"送材料是你的本职工作吗？一个人连自己的本职工作都做不好，还有心去帮助别人吗？"领导的话让小何很委屈，她默默地流下了泪水。

热心帮助同事当然没有错，因为良好的人际关系对职场人士来说至关重要，可这并不代表我们在任何时候都不能拒绝。归根结底，小何在公司的表现能否得到别人的认可和接受，还是取决于她在本职工作中的表现，而不是她帮同事送了多少材料，替同事订了多少次午餐。

周杰是一家科研机构的研究员，平时除了给学生们上课和自己本身的科研工作之外，就是在家中看书和陪家人。他平时还喜欢养花养鱼，不忙的时候，他总会坐在花坛或是鱼缸面前静静地沉思，这种宁静的生活让他特别享受。

但是，一篇论文彻底改变了他的生活。周杰从事的科研项目一直是专业领域的前沿课题，他凭借自己丰富的专业知识和深刻独到的见解，完成了一篇让国外学者都十分震惊的学术论文。后来这篇论文还在美国的一个学术研讨会上获了奖，他本人还亲自去美国领奖。

从那以后，周杰便成了该领域的名人。各大高校排着队请他去介绍经验，很多相关或不相关的科研项目也都邀请他去参加，单位的领导还决定给他升职，除了要完成自己的本职工作之外，还要肩负起很多行政管理方面的工作。

忙碌的他已经很多天没有回家了，当他拖着疲惫的身躯回到家时，妻子和孩子早已经睡了。想到就在不久以前，他还能和家人聚在一起吃饭、看电视，可如今的他哪里还有时间再去陪他们？心中不禁感到一阵酸涩。这时，他突然发现，自己最喜欢的一盆绿萝的叶子已经开始泛黄了，鱼缸里也出现了死鱼。这一切都是他疏于打理的缘故！

这时的周杰感到很痛苦，因为这不是他想要的生活。他只希望每天讲课、做研究，下了班做自己喜欢的事。名誉、地位、金钱，这一切其实对他来说根本不重要，可不知从什么时候起，他把自己的生活统统丢掉了。

这时候，一位出版商给周杰打来了电话："周老师，上次谈过的给您出书的事您考虑的怎样了？这可是个大好的机会，不仅能把您的研究结果介绍给更多人知道，也能让您获得不小的回报啊。"

周杰听了他的话，沉默了片刻，然后淡淡地说："对不起，谢谢你们的肯定，我不准备出书了。"

古语有云："弱水三千，我只取一瓢饮。"生活在现实社会，无数的诱惑让我们应接不暇。可是，无论我们怎么争取，都不可能把所有的名誉、金钱、地位统统占为己有，其实我们真正需要的不过是周杰获奖之前那样的宁静生活。陶渊明"不为五斗米折腰"，从而辞官归田，这才有了"采菊东篱下，悠然见南山"的田园生活；王维拒绝了官场的纷乱复杂和尔虞我诈，这才有了"明月松间照，清泉石上流"的雅致情调。

古人因为拒绝了名利与金钱的诱惑，脱离了世俗的牵绊，从而流芳后世；而生活在当下的我们，也要在这物欲横流的社会学会拒绝各种诱惑，找到我们自己生活的本质，让我们的生活清静安宁，有滋有味。

自 我 提 升

一个人即使真的很热心，也要以做好自己的事为前提，适当地对周围的人说"不"，拒绝那些对自己不利的干扰，这才是一种正确的人生态度。

第七章
互惠双赢，合作让效能最大化

1. 吃独食不长膘，互惠才能互利

互惠，原指国际上根据平等原则互相给予的优惠待遇，引进到人情中来，就是指人不能独享资源、独占利益，应该把好处跟大家分享，利益均沾，才能在圈子里长远立足。国家与国家之间互惠，可以维护友好关系，发展长期合作；圈子里的人互惠互利，可以巩固现有的感情基础，共图日后大业。云南有句方言叫作：吃独食，不长膘。说的就是这个意思。

看过《水浒传》的人应该记得，豹子头林冲被"逼上梁山"的时候，当时的山大王王伦一定让他缴纳投名状才可以入伙。所谓的投名状，就是杀一个人，或者截获一笔钱财交到山寨里，这样才能证明自己入伙的决心，也能证明你不是白吃白喝的庸才，而是有能力为山寨里的人带来好处。

在这个故事里，林冲是被迫无奈去杀人，但是王伦反映出的则是芸芸众生的常态心理。在人情往来中，所有"成交"的买卖都是在互惠的前提下实现的。必须保证双方都有好处，你的地位才能保住，你这张人情网才能继续编织下去。否则，若一方获利而一方吃亏，把一方的好处建立在另一方的损失之上，这样的"单边"利益是不可能长久的。所以，不管你是在什么圈子里，都要跟周围的人保持一种"互惠"的关系。

管远兴是广西阳朔县历村的一个普通农民，在外打工的时候，他发现开发旅游项目赚老外的钱是一条很好的生财之道。于是，他苦学了两年外语，回到历村，把家里的房子扩建成就餐和住宿的场地，取名"月亮乐"餐馆。他又把山下的那个溶洞承包了下来，并给溶洞取了个名字叫"水岩"。"水岩"溶洞适合探险，洞内还有泥潭，潭泥过膝，泥浆腻滑如胶，没有异味，糊在身体上，凉柔温爽，祛病解乏，完全可以开发成一个洗泥浴的招牌项目。随后，管远兴又在月亮山下开了一家名叫"水岩咖啡"的餐馆，用来接待游客，并作为游客进入"月亮乐"和"水岩"的大本营。第一批来的游客是一帮美国人，从来没洗过泥浴的老外纷纷跳入泥潭，个个洗得不亦乐乎，老外们对此大呼过瘾。此后，管远兴的生意迅速发展，在不到半年时间里，他就赚了好几万元，成了村里的首富。

都是一个村子里的，凭什么管远兴腰缠万贯？眼看管远兴发了，乡亲们坐不住了。一些头脑活络的人，纷纷摆起了小摊，或开农家乐餐馆，或当乡村导游。他们还搞起了恶性竞争，有村民听说管远兴的收费标准是每人20元，于是不管游客是日本人还是英国人，在用外币结算时都要20元。这样一来，日本人觉得捡了大便宜，而英国人则大为光火。

刚刚开发出来的"市场"乱套了，管远兴很着急，乡亲们这样折腾下去，迟早自己的生意也会跟着受影响。既然如此，还不如用合作取代竞争，大家互惠互利。想到这儿，他做了一个重要的决定：在村里开个外语培训班！几期培训结束后，会说英语的村民爆发出了巨大的能量，不仅主动出击揽客，而且想出了很多吸引老外的新节目。年轻人每天早上骑着自行车去阳朔县城接老外，接到后就带回历村，让老外住农家院，吃农家饭，参观农民犁田播种、上山砍柴。历村的气氛再度热了起来。游客多了，管远兴最先尝到了甜头：乡亲们带回来的老外想到他的"水岩"参观和洗泥澡，就得花钱买门票，光这一项收入，就乐得管远兴眉开眼笑。

管远兴是中国千百万农民中的一员，教育程度一般，但是他明白一个道理：想自己得到实惠，就要让自己身边的人也得到实惠，大家"利益均沾"，总好过全部受穷。

为什么一定要"互"惠呢？我自己动脑动手得来的利益自己揣兜里不行吗？不行。就像广告无意中揭示出的成功法则，"大家好才是真的好"。寻求双赢，互利互惠，

高效能人士，会让每个参与其中的人都得到好处，让大好局面保持下去。只有互惠，才能互利，要知道一损俱损，一荣俱荣的道理。

自 我 提 升

一个人想成功，除了要有发现商机的眼光，更要有"有钱大家赚"的博大胸怀，带领相关的人共同致富。只有抱团经营，才能将小钱变成大钱，将小打小闹变成大事业。

2. 多结善缘，帮人就是帮己

　　真正善于交往的人，不论在什么时候都很注意结交善缘，能够对那些需要帮助的人伸出援手。而这样的人，自然能享受到人情的回馈。

　　卡耐基说："如果我们想交朋友，就要先为他人做些事——那些需要花时间、体力、体贴、奉献才能做到的事。"正像我们自己需要别人的关心一样，别人——你的朋友、同事、上司、下级、顾客，以至陌生的路人，也需要我们的关心。关心他人，会拥有更多的朋友和更广阔的人际关系，你在需要帮助时，也就比别人多了许多路子，更容易成功。

　　春秋时期著名的政治家赵盾，有一次看见一棵枯树下躺着一个人，奄奄一息，眼看就快要饿死了，便停车下来，上前看个究竟。原来，那个人在回家的路上被人打劫，钱财和食物都被抢走，又羞于向人乞讨，所以才饿成这个样子。赵盾给了他食物，又送给他一些肉干和盘缠，让他拿回家去孝顺父母。那人千恩万谢地回家了。

　　过了两年，晋灵公派兵追杀赵盾。其中一个士兵跑得最快，追上了赵盾。赵盾心里想着我命休矣！没想到这个士兵对他说："请您上车快跑，我来保护您！"赵盾又惊又喜，问道："你为什么这么做？"那个士兵说："您认不出我了？我就是枯树下饿倒的那个人啊！"说完，他奋力保护赵盾，最终以死保护赵盾脱离了险境。

　　赵盾无意中结下的一段善缘，为自己换来了第二次性命！

　　由此可见，不论何时何地，懂得广结善缘的人就会有人缘，才能走好运。尤其是在平时处理各种工作、合作、朋友关系时，广结善缘显得尤为重要。

王建是一家皮鞋厂的个体老板，他以几万元起家，在短短10年内发展成拥有几千万资产的皮鞋制造商。他之所以能站住脚，靠的就是"投桃报李"的原则。

一次，王建厂里生产的一种白鞋带、白扣的软皮鞋，在南方某个省份失去了销路，零售商天天打电话要求退货，这可急坏了地区批发商，他连夜赶来找王建商量对策。这是个大问题，如果把货收回来，积压在家里，批发商将受到巨大的经济损失。

王建二话没说："你的困难，就是我的困难，不管什么原因造成了这种局面，我都决不会让你受损失，你把这批皮鞋统统收回，送到我这里调换成别的式样的鞋。"这个地区经销商感动地说："也不能让你一个人吃亏呀。"王建说："产销一家嘛，我们都是一家人，谁受损失都一样，这事理应由我来处理。"这件事传出以后，全国各地的批发商、零售商对王建更加敬重了。

天有不测风云，在1998年百年不遇的大洪水中，王建用贷款修建的现代化皮鞋厂遭受了灭顶之灾，设备、材料、产品几乎被冲得一干二净，辛苦数年积攒的全部家底都在洪水中化为乌有。晴天霹雳使王建欲哭无泪，他甚至想到了死。在他万念俱灰的时候，销售网络中几个较大的批发商登门拜访，并鼓励他重振旗鼓。

其中一位批发商爽快地说："你放心，只要你肯继续干下去，钱的事包在我们身上了。"另一位说："过去，我们困难的时候，你帮助了我们，现在我们也绝不能昧着良心，袖手旁观。"五天后，那几位批发商召开了来自全国各地几百位批发商的集资大会，仅仅两个多小时，就凑齐了王建重建厂子所需的资金，一星期后，王建就恢复了工厂的生产。

人缘就是财富，人际交往最基本的目的就是结人情、积人缘。求人帮助是被动的，可如果别人欠你的人情，求别人办事自然会很容易，有时甚至不用开口。那些成功人士之所以能成功，一定与善于关心别人、乐善好施有关。

　　广结善缘，于人于己都有好处。如果你人际关系好，在办事的竞争中会明显占优势，别人不仅会支持你，还会处处为你着想，处处维护你的利益，这无疑是你成就事业的难得的基础。

3. 眼光长远，放小利而求大利

　　如果你低着头走路，脑袋很容易撞墙。工作、做生意都是这个道理，在注意脚下的路的时候，也要往前看、往远看，为了谋求更大的利益，暂时放弃眼前小利是值得的。

　　古往今来，突破眼前利益这道封锁线都是很难的，一方面难在眼前利益的受用性，另一方面难在眼前利益往往使人"一叶障目，不见森林"。无论是战略家还是老百姓，都要懂得，眼前利益虽然很诱人，很受用，但是也往往要人命。一个人想成功，就应该懂得在眼前利益和长远利益中间做出取舍。

　　有个人在沙漠里穿行，已经连续几天没喝水了。就在饥渴难耐，马上就要支撑不住时，他突然发现不远的前方竟然有一个压水井。他欣喜若狂，马上跑了过去。压水井上正好放着一瓶水，他嗓子都要冒烟了，不管三七二十一拿起瓶子正准备都灌下去，却忽然注意到水井上有块醒目的警告牌子，他忍住干渴，见牌子上写着这样一些字：

"这里距离沙漠的尽头，最近的距离是100英里。如果你现在将这瓶水喝完，虽然能暂时解除你的干渴，但是你绝对不可能走出沙漠。如果你将瓶子里的水倒入压水泵，引出井里的水，那么你就能畅饮到清凉洁净的井水，你也能平安走出这片沙漠。最后，享用完了别忘了为别人装满一瓶水。"

这个人心想，幸好我看了警告，不然就走不出沙漠了。他将瓶子中的水倒入水泵中，喝足了引上来的清凉井水，并安全走出了这片沙漠。

一个人在干渴难耐的情况下看到一瓶水，那是何等的振奋！喝下那瓶水，他可以解决一时的干渴，却走不出沙漠。不喝那瓶水，把它当作压力井的引子，就能压出更多的水，喝个痛快，确保他平安走出沙漠。然而，这其中有一个难题是——警告牌上说的是真的吗？万一倒了水，水泵里又没有水流出来，怎么办？眼前"小利"和以后的"大利"可能都没有了！许多人就是害怕担这个风险而被"小利"迷惑的。这个寓言就是要告诉我们，不要被眼前的小利迷惑，也许豪赌一把，就能获得更大的胜利。

美国的汽车大王福特和石油大王洛克菲勒都是我们熟知的商业巨头。他们是好朋友，也是合作伙伴。福特是洛克菲勒创建标准石油公司的大功臣。

有一次，洛克菲勒与福特合资经商。因为福特投资失误，使这次计划惨遭失败，损失巨大。福特心里非常不安，甚至都不好意思跟洛克菲勒见面。

无巧不成书，忐忑不安的福特偏偏在路上遇到了洛克菲勒。当时，洛克菲勒正与其他两位先生走在福特的后面。福特心里打鼓，连头都不敢回，假装没看见他们径直往前走。洛克菲勒却主动在后面追了上来，拍了拍他的肩膀说："老兄，你来得正好啊，我们刚才正谈论有关你的事情呢！"

福特听得满面通红，还以为洛克菲勒要责怪他，干脆牙一咬心一横，说："实在对不起！那实在是一次极大的损失，我们赔了很多钱，全是我的责任。"

没想到，洛克菲勒若无其事地回答："你说的是投资那件事吗？其实，我们能做到那样已经难能可贵了。这全靠你处理得当，让我们保存了剩余的60%，这完全出乎我的意料，我还要谢谢你哪！"

洛克菲勒没有因为福特搞砸了生意而埋怨他，相反，还找出一堆赞美和感谢的理由，这让福特既惊讶又感激。此后，福特努力做事，不仅为洛克菲勒挽回了损失，而且还为公司赚回了大把的钞票。

用损失掉的利润"买"来一个大人物的"心"，洛克菲勒的生意经真是念到了极致。这也是舍小利、赢大利的典范。若换作一个斤斤计较的商人，一定会责怪福特害自己赔钱。而洛克菲勒没有这么说，他明白，虽然短期内他损失了一点钱，但是通过这件事，福特会对他更好，帮他赚更多的钱。他们两个人会在合作的基础上走得更远，实现更大的双赢。

自 我 提 升

"活在当下"是一种较为坦然随性的态度，切不可把它跟急功近利联系起来。有些人受了"活在当下"的蛊惑，所以才把眼前一时得失看得过于重要，以至于最后因小失大，在通往成功的路上被淘汰。

4. 追求双赢，四海之内皆兄弟

"零和时代"已经过去，"双赢时代"已经到来。成功人士都懂得，光靠一个人的力量是无法实现自己的财富目标的，总要与人合作，实现双边利益，由此分得自己的那一杯羹。

"双赢"来自于英文"win-win"的中文翻译，简单解释，所谓的双赢就是大家都有好处，至少不会变得更坏。

在双赢观念推广以前，人们之间更多是"零和"的竞争关系。就好像两个人下棋，总有一个赢，一个输。如果赢的人得一分，输的人负一分，那么两个人加在一起的结果就是零分。这就是"零和"。正常对弈没有产生更多利益。

有了双赢的观念之后，大家不再拼个你死我活、你输我赢，而是开动脑筋想办法，让每个人都是赢家，都得到利益。

这是一个真实的故事，讲述的是泰国某跨国集团公司老板年事已高，决定换班交权。退休前他准备在自己三个儿子中挑选一个接班人。他思来想去，觉得二儿子，无论是学识、为人、才干都很合适。但是，二儿子烟瘾极大，他又非常担心他的健康问题。一个企业的继承人，健康如果跟不上，那事业会前功尽弃的。

要说服一个"烟鬼"戒烟，谈何容易！老人决定跟儿子展开一场"双赢"谈判。谈判的技巧当然是有讲究的。

谈话一开始，老人自然表示他对二儿子的欣赏和信任。但老人说他唯一的忧虑是二儿子抽烟的习惯。因为根据他的经验，一般抽烟的人到45岁健康就会开始走下坡路。而45岁正是一个男人年富力强、事业走上坡路的时候。如果这个时候健康出问题，自然难以担当重任。他另外还有一个顾虑，说话时他目光严肃地盯着儿子："我认为一个人如果像连抽烟这种不良习惯都不能克服，那他怎么能胜任我所托付的重任呢?"

"准继承人"二儿子一直在全神地听着，手里正燃着一支烟。当他听完父亲最后一句话后，内心突然强烈地震动了一下。他知道父亲的话有很多重含义，并不仅仅是让他戒烟这么简单。于是他一言不发，把手中烧着的烟在烟灰缸里使劲一拧。

从那一天开始，二儿子再也没有吸过一支烟了，所以，他成了公司的继承人，并且成功地把家业发扬光大。

"双赢"是新时代市场经济的产物，也可以借鉴到人与人的交往中来。在上面这个故事中，如果父亲摆出一副强硬的姿态命令儿子戒烟，那势必适得其反。反过来，父亲以"继承人"为契机，导入戒烟与接管企业之间的关联，两个人都实现了自己的愿望，皆大欢喜。

美国商界有句名言："如果你不能战胜对手，就加入到他们中间去。"现代竞争，不再是"你死我活"，而是更高层次的竞争与合作，现代企业追求的不再是"单赢"，而是"双赢"和"多赢"。

一只狮子和一只狼同时发现了一只小鹿，于是它们俩商量好共同追捕那只小鹿。它们之间合作得很好，当野狼把小鹿扑倒，狮子便上前一口把小鹿咬死。但这时狮子起了贪心，不想和野狼平分这只小鹿，于是想把野狼也咬死，可是野狼拼命抵抗，后来狼虽然被狮子咬死，但狮子也受了重伤，无法享受美味。

这个故事讲述的道理就是人们常说的"你死我活"或"你活我死"的游戏规则!试想，如果狮子不是那么贪心，而与野狼共享那只小鹿，不就皆大欢喜了吗?我们常说，人生如战场，但是人生毕竟不是战场。战场上敌对双方不消灭对方就会被对方消灭。而人生赛场不一定如此，为什么非得争个鱼死网破，两败俱伤呢？合作双赢不是更好吗？

在社会交往中我们每个人的观点中，竞争与合作是相辅相成的，是相互平等、互为补益的关系，但是由于现今社会竞争现象的普遍出现，在合作方面，一些人好像不那么重视了。现代社会中，有很多人认为，竞争就是你死我活，竞争的双方就不能有合作的机会，他们似乎注定是为利益而对立的"冤家"对头。其实，如果要在竞争与合作之间选择的话，选择合作的人才是聪明人。

在我国经济生活中，有一种"龟兔双赢理论"。龟兔赛了多次，互有输赢。后来，龟兔合作，兔子把乌龟驮在背上跑到河边，然后乌龟又把兔子驮在背上游过河去。这就是"双赢"——竞争对手也可以是合作伙伴。

蹩脚兔子因骄傲在第一次赛跑中失利之后，进行了深刻的反思，并决心和乌龟做第二次较量，乌龟接受了蹩脚兔子的挑战，结果这次蹩脚兔子轻松地战胜了乌龟。乌龟很不服气，它主张再赛一次，并由自己安排制定比赛路线和规则，蹩脚兔子同意了。当蹩脚兔子遥遥领先乌龟而洋洋自得时，一条又长又宽的河流挡在了面前，这下蹩脚兔子犯难了，坐在河边发愁，结果乌龟慢慢地赶上来，再慢慢地游过河而赢得了比赛。几番大战后，龟兔各有胜负，它们也厌倦了这种对抗，最终达成协议，再赛最后一次，于是人们看到了陆地上兔子背着乌龟跑，水中乌龟背着兔子游，最后同时到达终点……

我国相传已久的古训是："四海之内皆兄弟"。"互相关心，互相爱护，互相帮助"，更成为时代的风尚。但也要看到，有些地方过多地强调个人奋斗，而忽略了应该怎样与他人合作以取得成功，更忽略了如何在竞争中不伤害别人。目前一些人群中流行"丛林哲学"的价值观，即所谓弱肉强食，优胜劣汰。为了达到个人目的，可以不择手段，这无疑是极不可取的。要知道，竞争以不伤害别人为前提，竞争以共同提高为原则。竞争不排斥合作，良好的合作促进竞争。在竞争中互相帮助达到双赢才是我们的目标。

从前，有两个非常饥饿的人得到了一位长者的恩赐：一根鱼竿和一篓子鲜活硕大的鱼。其中，一个人要了一篓子活鱼，而另一个人则要了一根鱼竿，然后他们分道扬镳各奔前程。

得到鱼的人在原地用干柴搭起篝火烤起了那些鲜活的鱼。把鱼烤好以后，他狼吞虎咽，还没有品出鲜鱼的肉香，转瞬间就连鱼带汤吃了个精光，可是鱼毕竟是有限的，还没过几天，他就把鱼全部吃光了。不久，便饿死在了空空的鱼篓旁边。

而另一个得到鱼竿的人，提着他的鱼竿朝海边走去，他忍饥挨饿走了几天，当他终于能看到远方蔚蓝的大海时，他用尽了浑身最后一点力气，再也走不动了。最后他只能倒在了他的鱼竿旁，带着无尽的遗憾离开了人间。

同样，又有两个饥饿的人，他们同样得到长者的恩赐：一根鱼竿和一篓鱼。但他们没像前两个人那样各奔东西，而是商定共同去寻找大海。他们两个带着鱼和鱼竿踏上旅程。在路上，他们每次只煮一条鱼，经过艰难地跋涉，他们终于来到大海边。从此，两人开始了以捕鱼为生的日子，几年后，他们盖起了自己的房子，有了各自的家庭和子女，有了自己建造的渔船，过上了安定幸福的生活。

我们可以从故事中发现，同样是面对着鱼竿和满篓的鱼，四个人却有不同的表现：前两个人只顾眼前利益，得到的只是暂时的满足和长久的悔恨；后两个人却很有心机，懂得人生的智慧在于目标存高远但立足于现实，于是两个人合作，发挥了鱼竿和一篓子鱼的双重功效，最后过上了自己希望得到的幸福生活。

这样看来，合力双赢不是更好吗？既可以发展自己，也可以让自己得到最大的好处。

在我们的生活中，很多时候一个人的力量总是很有限的，就像孤掌难鸣一样。所以，要想办事成功，就要善于与人合作，不管是帮助自己还是帮助别人，那样效率才会高一些。善于利用和帮助是一个人一辈子需要学会的事情，如何使效果达到最大化，还得自己斟酌。别闷在一大堆事情中间，探出头来，你会找到更好更有效率的解决方式，只有这样才会取得最大的效率。

一个哲人曾说过这么一段话，大体上的意思是这样的：你手上有一个苹果，我手上也有一个苹果，两个苹果交换后每人还是一个苹果。如果你有一种能力，我也有一种能力，两种能力交换后就不再是一种能力了。所以说，只有合作才能产生奇效，才能达到最好的效果。

美国壳牌公司曾在北京大学召开过一场别开生面的招聘会。有趣的面试官先将10名应聘者分成两个小组，假设他们要乘船去南极，然后要求这两个小组的成员在限定的时间内提出各自的造船方案并且做成船的模型。

在这个过程中，面试官则根据应聘者对于造船方案的商讨、陈述和每个人在与本小组其他成员合作制作模型过程中的表现进行打分，以选择合适的人才。

壳牌公司是一家很了不起的公司，他们是从事石油勘探以及原油开采、加工设备销售等方面业务的大型跨国公司。在谈及这次面试时，壳牌公司人力资源部负责人说，运用这种方式的最大目的是了解应聘者是否具备团队精神。

壳牌公司面试官说："在当今社会里，企业分工越来越细，任何人都不可能独立完成所有的工作，他所能实现的仅仅是企业整体目标的一小部分。因此，团队精神日益成为企业的一个重要文化因素，它要求企业分工合理，将每个员工放在正确的位置上，使他能够最大限度地发挥自己的才能，同时又辅以相应的机制，使所有员工形成一个有机的整体，为实现企业的目标而奋斗。对员工而言，它要求员工在具备扎实的专业知识、敏锐的创新意识和较强的工作技能之外，还要善于与人沟通，尊重别人，懂得以恰当的方式同他们合作。"

事实正是如此，只有那些善于合作，具有团队精神的员工才更容易获得成功的机会。所以说，要想获得成功，你就必须要做一个善于合作的人。

纵观古今中外，凡是在事业上成功的人士不都是善于合作的典范吗？现代社会中的现代企业文化，追求的是团队合作精神。所以，不论对个人还是对公司，单纯的竞争只能导致关系恶化，使成长停滞，只有互相合作，才能真正做到双赢。

所以无论从什么角度来看，你死我活从实质利益和长远利益上来看都是不能长久的，应该活用双赢的策略，追求你"活"我也"活"。

自 我 提 升

双赢是一种良性的竞争，需要双方开诚布公，多从对方的角度考虑问题，能让则让，能妥协就妥协。千万不要让一时的贪念坏了以后长期的合作关系。

5. 有意识地积累各行各业的朋友

现代社会中，拥有良好的社会关系就等于拥有比别人多的机会。因此在创业之前或创业过程中都要有意识地积累各行各业的朋友。

就职于纽约市一家大银行的查尔斯·华特尔奉命写一篇有关某公司的机密报告。他知道某一个人拥有他非常需要的资料。于是，华特尔先生去见那个人，他是一家大工业公司的董事长。当华特尔先生被迎进董事长的办公室时，一个年轻的妇人从门边探头出来，告诉董事长，她这天没有什么邮票可给他。"我在为我那十二岁的儿子搜集邮票，"董事长对华特尔解释。华特尔先生说明了他的来意然后提出问题。董事长根本不想把心里话说出来，无论怎样试探都没有效果，这次见面时间很短也没有收到实际效果。

华特尔先生讲："坦白说，我当时不知道怎么办。接着，我想起他的秘书对他说的话——邮票，十二岁的儿子……我也想起我们银行的国外部门搜集邮票的事，他们从来自世界各地的信件上取下邮票。"第二天早上，华特尔再去找他，传话进去说有一些邮票要送给他的孩子。他满脸带着笑意，客气得很。"我的乔治将会喜欢这些，"他一面不停地说，一面抚弄着那些邮票，"瞧这张！这是一张无价之宝。"他们花了一个小时谈论邮票，瞧瞧他儿子的照片，然后他又花了一个多小时，把华特尔想知道的资料全都告诉他，然后叫他的下属进来，问他们一些问题。他还打电话给他的一些同行，把一些事实、数字、报告和信件全部告诉华特尔。

事情往往就是这样：无法与关键人物搭上关系时，事情往往很难取得进展，可一旦与关键人物建立联系，事情就好办了。

我们应把开展交际与捕捉机遇联系起来，充分发挥自己的交际能力，不断扩大交际，只有这样，才会发现和抓住难得的发展机遇。

打造良好关系的基本方法与原则如下：

（1）不轻易树敌

素昧平生或者关系浅淡的人并没有义务在你需要的时候帮助你。假如有求于对方，就要用婉转的易于接受的方式提出。首先寒暄，聊大家都关心的事情，最后在不经意间表达你的请求。无论谁，即使地位再高，也会在交往的过程中把对方视作朋友，如此做事才可能会顺利。

此外，还要有"见人说人话，见鬼说鬼话"的本事，不能永远都用同一种方式说话。应对不同的人，要有不同的方式。否则稍不注意，就很容易得罪人。有了这样的意识，遇到人就会自动将他们分类，形成自己的一套待人处事模式。我们可能会遇到来自世界各地不同背景的人，环境变化很快，因此要有很强的应变能力。

在交往过程中还可能会碰到各种类型的人。其中有你喜欢的人，也有你不喜欢的人。对于你喜欢的人，交往亲近起来非常容易，团结这些人并不难。问题的关键是，如何同你不喜欢的人建立良好的人际关系呢？

首先尽量找出他们身上的优点，并用包容的心态对待他的缺点，如果能做到这些，或许就能与你不喜欢的人结为朋友。但也有可能你无论如何也找不出他的优点，或根本无法包容他的缺点。对待这种实在无法与他交往的人，你就要做到喜怒不形于色，做到不当面指责或指出他的毛病，避免和他争吵及发生任何正面冲突。这样就不至于使他们成为你的敌人，因为一旦成为你的敌人，他们就会给你带来很多不必要的麻烦。

（2）与社会名流和关键人物建立关系

社会名流是在社会上有影响的人，与他们建立良好的个人关系无异于为我们的成功插上了翅膀。但这些名流往往都有他们固定的交际圈，一般人很难进入到他们的关系网里。我们可以从如下几个方面入手和他们交往：

首先在与名流交往之前多了解有关名流的资讯，托人引荐，多参加社会公益活动，多出入名流常常出入的场所，这样，你就会有机会结交到这些社会名流。

其次在结交这些社会名流时还要注意给对方留下一个好的印象，千万不要死缠着别人不放，这样做只能得到相反的结果。

再次通过一次交往建立良好的关系是很难的，所以，应多制造交往的机会，多次接触才能建立较为牢固的关系。

(3) 结交成功者和事业伙伴

"近朱者赤，近墨者黑"。讲的就是这个道理。之所以要结交成功的人士，就是因为这些成功的人比我们优秀，我们可以从他们身上学到很多有益的东西，他们的优秀品质时时刻刻都能使我们的缺点暴露出来，他们可以成为我们很好的学习榜样，他们成功的事例能不断地激励我们，如果我们和这些成功者关系非常好的话，这些人还会伸出友谊之手在关键时刻教我们一招或者拉我们一把，总之，和这些人交往有利无弊。

相反，和那些失败者交往或者和不如我们的人交往非但学不到任何东西，还有可能让我们走上迷途，陷入失败的境地。与优秀的人和成功者交朋友是储备关系的重要原则。

假如想在事业上有所突破，某种程度上就得牺牲一些个人空间，多跟事业伙伴接触，只有这样，才会有更多成功机会。

(4) 礼多人不怪

掌握礼节也是建立良好朋友关系必须掌握的原则。和有身份的人交往可能很容易就能做到这一点，因为对方的权势、地位、实力足以使你为之敬畏，不由得你不注重礼节。但很多人在交往时却往往容易步入这样一个误区，即熟不拘礼。他们认为和朋友讲礼节论客套好像会伤害朋友的感情。其实这种认识是非常错误的，他们并没有意识到，朋友关系也是一种人际关系，而任何人际关系之所以能够存续下去都赖于相互尊重，容不得半点强求。

礼节和客套虽然繁琐，但却是相互尊重的一种重要形式。离开了这种形式，朋友之间的关系也就难以存续。因为每个人都希望拥有自己的一片天地，而不讲礼节客套就可能侵入到朋友的禁区，干扰到朋友的正常生活，这种情况出现得多了自然会伤害到朋友的感情，从而，再好的关系也会因此而终结。

自 我 提 升

想成为什么样的人就跟什么样的人在一起，要成功，就要多跟成功人士在一起。通过他们，你可以结识更多这样的人，也就是所谓的物以类聚。等你身边都是这样的人，关系自然也就拓展开来了。

6. 借力发力不费力，努力苦干加巧干

俗话说得好："借力发力不费力。懂得借力发力的人，能够以小搏大，以弱胜强，以柔克刚，就能够四两拨千斤。"

三国时期，有一天，周瑜对诸葛亮说：请你3天之内，给我打造10万支箭来。诸葛亮满口答应。3天要打造10万支箭，这是根本不可能的事情。但诸葛亮为什么答应了呢？诸葛亮自有办法。当时要打造10万支箭，就是有钱、有材料，时间也来不及。怎么办？打造不出来可以借嘛！向谁借？那当然只有曹操。曹操会借吗？他会借箭给你来杀他吗？办法总比困难

多，没有做不到、只有想不到。诸葛亮想到了。他向曹操借箭了。

在一个大雾蒙蒙的早上，诸葛亮派出几千艘木船，千帆齐发，船上扎满了稻草，当船驶到河中央的时候，敲锣打鼓，鞭炮齐鸣，杀声震天，佯装攻打曹营的样子。曹操站在甲板上一看，江面上朦朦胧胧地有很多船只向他驶来，曹操以为周瑜真要来决战了，于是，就命令所有的弓箭手万箭齐发，结果箭一支支射到了船上的稻草上。不到一个时辰，诸葛亮就满载而归，收到曹操送来的10多万支箭。这就是历史上著名的"草船借箭"的故事。

还有一个国外的故事。英国大英图书馆，是世界上著名的图书馆，里面的藏书非常丰富。有一次，图书馆要搬家，也就是说从旧馆要搬到新馆去，结果一算，搬运费要几百万，根本就没有这么多钱。怎么办？有一个高人，向馆长出了一个点子，结果只花了几千块钱就解决了问题。

图书馆在报上登了一个广告：从即日开始，每个市民可以免费从大英图书馆借10本书。结果，许多市民蜂拥而至，没几天，就把图书馆的书借光了。书借出去了，现在怎么做呢？图书馆要求，所有人都要把书还到新馆。就这样，图书馆借用大家的力量搬了一次家。

从这两个案例里面，我们就可以领略到借的魅力。一个借字，大有文章可做。

在当今的创富观念中"借助人气，点旺财气"可以说是众多人的首选。如今，我们无论是出行上班还是购物，随处都能看到各种各样明星代言的广告，可以说广告已经成了商品提高知名度的一种首选方式。很多商家借助名人的声望地位而引起了消费者的特别关注，从而赢得市场，坐享其成。

对于默默无闻的我们来说，在做事的过程中，我们如果也能够借助点名人的效应，那么效果一定会大不一样。比如，很多人在买一件商品的时候，常常会忍不住说："就是刘德华做广告那个！"也就是说，当你和名人沾上点关系的时候，身价也变得不一样了。

因为名人是人们心目中的偶像，人们总是有这样的心理，凡是名人生活的环境都是非凡的地方，与名人有联系的必定是不一般的，基于这种心理，人们纷纷追逐、效仿名人，所以与名人沾边的东西也就容易成为抢手的东西。所以，只要你策划得法，巧借名目，即便是美国总统也照样可以为你的市场竞争活动增添爆炸新闻。

1984年美国总统里根访华的时候，因为取得了圆满成功，所以里根决定举行临别答谢会。

按照常例，临别答谢会一般都在人民大会堂举行，但刚开业不久的长城饭店决定利用这一难得的机会来提高自身的知名度。他们说服了美方，承办了这次宴会。答谢会当天，500多名外国记者来到长城饭店现场采访，国内外数亿观众看到了长城饭店。

就这样，长城饭店不仅做成了生意，而且让里根总统为自己做了广告，转眼间闻名海内外。

这就是政治名人、要人的巨大魅力。因此，这就构成了一种对商业极有影响的潜在关系资本，善于利用、发掘这种资本，就会带来成功的机遇。世界著名的百事可乐也曾经运用"名人效应"来为自己打开知名度。

百事可乐正处在初创时期时，由于可口可乐的先入为主，它在美国本土上已经没有多少生存空间。因此，百事可乐的董事长肯特想进军当时的苏联。

正值1959年，美国展览会在莫斯科召开，肯特通过他的至交好友尼克松总统的关系，请苏联领导人"喝杯百事可乐"。尼克松显然同赫鲁晓夫通过气，于是在记者面前，赫鲁晓夫手举百事可乐，露出一脸心满意足的表情。而凭借着这个最特殊的广告，百事可乐迅速在前苏联站稳了脚跟。

当然，并不是所有人都有幸认识名人，或者获得与其接触的机会。如果是这样，只要你能想办法从他身上弄到你想要的信息，加以合理利用，也能达到宣传自己的效果。

美国一家公司所生产的天然花粉食品保灵蜜销路不畅，总经理为此绞尽脑汁：如何才能激起消费者对保灵蜜的需求热情呢？如何使消费者相信保灵蜜对身体大有益处呢？广告宣传未必奏效，因为类似的广告大家早就见怪不怪了。

正当总经理一筹莫展的情况下，该公司的一位善于结交社会名人的公关小姐带来了一条喜讯：美国总统里根长期食用花粉食品。据里根的女儿说："20多年来，我们家冰箱里的花粉从未间断过，父亲喜欢在每天下午4点吃一次天然花粉食品，长期如此。"后来，该公司公关部的另一位工作人员又从里根总统的助理那里得到信息，里根总统在健身健体方面有自己的秘诀，那就是：吃花粉，多运动，睡眠足。

这家公司在得到上述信息并征得里根总统同意后，马上发动了一个全方位的宣传攻势，让全美国都知道，美国历史上年纪最大的总统之所以体格健壮，精力充沛，是常服天然花粉的结果。之后保灵蜜风行美国市场。

如今，借助名人提高自己的社会知名度，已经是被社会所承认的方式之一。台湾的巨富陈永泰曾说过一句这样的话："聪明人都是通过别人的力量，去达成自己的目标。"社会上有一个普遍的现象，那就是和名人站在一起，自己不久也会成为名人。作为东亚四小龙之一的中国香港，它就凭借一个"借"字成就了其璀璨如明珠的繁荣现状。它凭借与外国的大公司合营，借别人的知名品牌，借用外国原材料，借用外国公司的销售渠道和销售市场，从事加工制造，从事出口贸易。凭借"借风腾云"的思维，它迅速走向了繁荣。

所以说，一个人要想成就一番事业，除了努力苦干，还要加巧干，比如想办法与名人沾上一点关系，借他的名望来壮大自己的声势，借别人的"名"而生自己的"利"，从而坐享其成。

7. 别小觑 "虾米" 的集合

我们都很清楚，借人之力是获取成功的捷径之一。但是在这条捷径上人们往往习惯于将目光聚焦到那些有权势、有财富的名人和富豪身上，认为只有这些人才是自己人生路上的贵人，才能给自己的成功添砖加瓦。

可是，想见这样有社会影响力的人物谈何容易？遇到这样的情况我们该怎么办？坐以待毙，还是就靠自己的蛮干？

不用发愁，你不妨将目光投到普通人身上。

要知道有名望和普通并不是绝对的，二者可以相互转换。对待普通人，你千万不要趾高气扬，应该懂得变通，没有大人物可以选择的时候，向普通人借力也是不错的选择。在历史上，"鸡鸣狗盗之辈"曾经帮孟尝君逃脱大难，不就是很好的证明吗？

戴笠当军统头子时，逢年过节，都要派人出去送礼，这礼并非是送给达官显贵的，而是总统府里听差、门房、女仆或是文书，虽然地位卑微，绝不可能参与军国大事，但是他们毕竟天天都在蒋介石身边。

这些人的职业就是伺候蒋介石。蒋介石的行为、情绪的变化，都瞒不过这些人的眼睛。

然而对戴笠而言，这些信息作用还不是最重要的。在官场，公文积压都是常事，有的只要搁上十天半个月，有的一搁就是一年半载，即使批下来，也是另一种结局了。军统上报的公文，耽搁在蒋介石那里，戴笠是不敢催办的。可是清洁女工有这样的便利，她清扫蒋介石的办公室时，只要顺手在文件堆里把军统的公文翻出，放在上面就万事大吉了。戴笠的部下再有能耐，也不敢随意进蒋介石的办公室，这件事非清洁女工莫属。

千万不要小觑小力量的集合。我们看了日本联合超级市场——以中心型超级市场共同进货为宗旨而设立的公司——的惊人发展，就会有所感慨的。

就在1973年石油危机之前，总公司设于东京新宿区的食品超级市场三德的董事长——堀内宽二大声呼吁："中小型超级市场跟大规模的超级市场对抗，要生存下去的唯一途径就是团结。"可是，当时响应的只有10家，总营业额也不过只有数10亿日元而已。但是，现在的日本联合超级市场的加盟企业，从北海道到冲绳县共有255家，店铺数达到3000家，总销售额高达4716亿日元，遥遥领先大隈、伊藤贺译堂、西友、杰士果等大规模的超级市场。而且，日本联合超级市场的业绩，竟然是号称巨无霸的大隈超市的两倍。尤其近几年来，日本联合超级市场的发展更为迅速。1982年2月底，联合超级市场集团的联盟企业有145家，加盟店的总数有1676家，总销售额2750亿日元。但是，从第二年起，加盟的企业总数就增加为178家，继而187家、200家、253家持续地扩张，同时加盟店的总数也由1944家增加为3000家……

原来是一个微不足道的超级市场经营者——堀内宽二，凭借着中小型超级市场不团结就无法生存的信念，草创成立的联合超级市场，发展到今天，有了他本人也不会料想到的庞大阵容。目前，日本全国都可以看到联合超级市场的绿色广告招牌。

中国有句俗语："众人拾柴火焰高。"意思是说，利用联合的力量，来实现个人力量所不能实现的目标。很多小企业、小公司，在激烈的竞争中，被冲撞得东倒西歪，飘飘摇摇，虽然也有顽强的生命力，但终难形成气候。小企业、小公司，要在竞争中站稳脚跟，就得联合统一战线，共同出击，以群蚁啮象之势，去迎接各种挑战。

东北有家非金属矿业总公司——辽河硅灰石矿业公司，前身为辽河铜矿，因长年亏损，1983年改换门庭，从事非金属矿的开发与经营，所开采的优质硅灰石全部销往日本、韩国，公司效益也真正红火了几年。

据称，日本商人将石头买上船，在回日本的航程中就加工成立德粉、钛白粉，中途返航，再运往上海、天津等地。

辽河硅灰石矿业公司于1990年从日本引进加工生产线，掌握了生产立德粉、钛白粉的技术，并从1992年起，开始生产建筑涂料。从1993年开始，所产硅灰石滞销，生产的涂料遭遇市场滑坡，公司亏损严重。1997年，辽河公司宣布破产，原来的各分厂，全部被私营单位买断。

1999年，日商再次光顾辽河公司，与私营小公司老板商榷购买200万吨硅灰石粉的合同。可是，各自为阵的小公司并没有这个魄力，也不可能在一年半的时间内完成合同任务。

日商即将离开之际，眼睁睁看着煮熟的鸭子要飞了，辽河一家公司的经理郝为本横下心，与日商签了合同。

郝为本心里清楚，如果不能按期交货，日商的索赔，会让他倾家荡产，弄不好还得蹲大牢，但这么大一口"肥肉"，是值得冒险的。

郝为本拿着合同，将其他几家小公司的经理聚到一起，认真研究，联合起来吃这口"肥肉"。经过任务分配，厘清利益，几家公司立刻行动起来。

九家公司通过有力的联合，在一年半的时间内完成了任务。

上述事例正印证了"虾米"联合起来吞掉"大鱼"的事实。因此，在人际交往中，要灵活变通，千万不要只逢迎那些所谓的达官贵人，而要懂得和小人物建立关系；更不可得罪"小人物"，尤其是那些大人物身边的"小人物"。如果我们能巧妙地借助他们的力量，同样可以办成大事。

自 我 提 升

在现实生活中，当你觉得仅凭一人之力难以应付客户时，完全可以采取这种办法，把可以借力的伙伴联合起来：正如一根筷子容易断，一捆筷子就不易断，这种小力量的集合会给你带来更多收获。

第八章
高效率，就是办好每一件小事

1. 死心吧，天上永远不会掉馅饼

妄想"坐"等成功来临，就好像等着月光变成银子一样渺茫，只有脚踏实地的工作，才能换来自己希望得到的东西，在有助于成功的所有因素中，脚踏实地是最有效的；在有助于你成功的所有品质中，脚踏实地是最可靠的。

莫扎特智能超群，自孩提时就对乐曲产生了兴趣。他一听到音乐，小手就跟着拍起来。奇妙的是，他拍得很合拍，很有节奏感。

莫扎特的姐姐玛丽娅每次练习钢琴时，爸爸总是精心指导，因而玛丽娅的进步很快。每当琴声响起，小莫扎特就不吵不闹，静静地聆听着。

有一次，当玛丽娅正聚精会神地练琴时，4岁的莫扎特走到姐姐跟前，乞求姐姐让自己弹刚刚演奏过的那首曲子，玛丽娅亲昵地指着弟弟的鼻子说："看看你的小手，还不能跨过琴键呢，怎么弹琴呢，等你长大了再学琴吧。"

一天，全家用过晚餐，玛丽娅帮助妈妈在厨房里洗碗时，莫扎特就坐在钢琴上弹起来。父亲雷奥博正在边喝茶边抽烟休息，听到琴声后，猛然站起来，惊喜地说："听，玛丽娅把这首曲子弹得简直妙极了！"话音刚落，玛丽娅就从厨房里走了出来。雷奥博呆住了，这是怎么回事呢？他立即爬上楼轻轻地推开门，哇，只见小莫扎特正在聚精会神地弹奏呢！父亲看出儿子有着优秀的音乐天赋，便开始对他进行早期教育。从4岁起，莫扎特就弹起了钢琴，拉起了提琴。莫扎特的接受能力极强，许多曲子只听一遍，就毫不费力地记住了。

父亲怕莫扎特负担过重，不想过早教他作曲。可是到5岁时，莫扎特看着父亲写乐谱，便也开始学着作曲。有一次，父亲走进莫扎特的房间，见他正趴在桌上，在五线谱上专心地写东西。他随手拿起一看，不禁吃了一惊。原来儿子在写钢琴协奏曲，而且写得完全符合规格。

一天，父亲创作了一首小步舞曲。他要儿子把这个乐谱送到剧院院长处去，并说明这是专为他女儿创作的。不料，路上一阵大风，把莫扎特手里的乐谱刮跑了。他一面哭着，一面追赶着到处飘荡的乐谱。乐谱没有全找回来，怎么办呀？莫扎特跑到小伙伴家里，借来笔纸，自己写了首乐谱送去。第二天，院长带着女儿来拜谢，说莫扎特父亲的舞曲写得太妙了，他还让女儿把舞曲弹了一遍。莫扎特的父亲听后惊呆了。他说："这不是我作的舞曲。"他转身问儿子："这首乐曲是谁写的？"莫扎特只得说出原委。父亲听后激动得流出了泪，一下子把儿子抱在怀里。

此后，父亲就开始教他难度较大的作曲练习。聪明加勤奋的莫扎特，在家里不是弹琴就是作曲。五六岁的孩子像大人一样整日埋头音乐之中。为了让莫扎特开阔眼界，少年成名，自1761年秋天起，父亲就带着6岁的儿子到奥地利首都维也纳演出。接着，又到德国、法国、英国、荷兰和瑞士演出。每到一地，都获得好评。7岁那年，他在法国巴黎一个音乐会上为一位著名的女歌唱家弹琴伴奏，只听她唱一遍，就能不看乐谱，自由地伴奏，从头到尾一点不错。女歌唱家再唱一回，他又在琴上另选新的伴奏。每唱一曲，他的伴奏都变化无穷，和谐动听，听众惊叹不已。这件事被欧洲人称为"18世纪的奇迹"。

莫扎特11岁便能指挥大型歌剧演出，并写成了第一部歌剧《阿波罗和吉阿琴特》。12岁时指挥德国著名的乐队，名闻世界乐坛。13岁时，他便在萨尔斯堡任大主教宫廷教师。

莫扎特只活了35岁。在短短的一生中，他写了歌剧19部，交响曲47部，钢琴协奏曲27部，小提琴协奏曲5部，弦乐四重奏22部，钢琴奏鸣曲29部，小提琴奏鸣曲37部，其他各类乐曲100多部，给人类的音乐宝库留下了珍贵的艺术财富。

罗马不是一天建成的。成功的关键在于脚踏实地的一步步积累，任何事都要认真对待，不要轻视任何微小的收获或进步，不肯从小事做起的人注定不能成功。

对很多人而言，劳动也许是一种负担或者劳累，甚至是对他人的惩戒，而对另外一些人而言，那是一种幸福，只有脚踏实地地劳动，才会有所成就，否则将一事无成。

有个老人在河边钓鱼，一个小孩走过去看他钓鱼。老人技巧纯熟，所以没多久就钓上了满篓的鱼。老人见小孩很可爱，要把整篓的鱼送给他。小孩摇摇头，老人惊异地问道："你为何不要？"小孩回答："我想要你手中的钓竿。"老人问："你要钓竿做什么？"小孩说："这篓鱼没多久就吃完了，要是我有钓竿，我就可以自己钓，一辈子也吃不完。"

老人便把钓竿送给了小孩，结果，小孩一条鱼也没吃到。因为他不懂钓鱼的技巧，光有钓竿，鱼是不会自动上钩的。

专业人士说，务实就是从事或讨论具体的工作；讲究实际，不求浮华。由此看来，务实就是实事求是、脚踏实地地做好具体工作。但"言语永远是巨人，行动永远是矮子"，看似简单易行的两个字，实施起来却绝非易事。

20世纪70年代，一家国际连锁企业看好中国台湾市场，决定在当地培训一批高级管理人员。他们选中了一个年轻的企业家，但是商谈了几次都没有定下来。最后总裁要求企业家带他的妻子一起来，总裁问："如果要你先去打扫厕所，你会怎么想？"企业家沉默不语，脸上现出了尴尬的神情。他想：要我一个小有名气的企业家打扫厕所，太大材小用了吧！这时他的妻子说："没关系，我们家的厕所向来都是他打扫的！"企业家这才通过了面试。

让这位年轻企业家没有想到的是第一天上班，总裁真的让他去打扫厕所了。后来他晋升为高级管理人员，看了公司的规章制度后才知道公司训练员工的第一课就是打扫厕所，就连总裁自己也不例外。

务实是一种坚持原则的能力，没有原则的务实只能沦落为务虚。实际工作中，有些人也想办成一些事情。但是东风来了朝西倒，西风来了朝东倒。事情干得不是虎头蛇尾，就是有始无终。这就如同炒一盘菜，有的人喜欢甜的，有的人喜欢咸的。如果两方都想取悦，最终这盘菜肯定炒不好。

务实也是一种抗拒诱惑的能力，在实际工作中，会涉及方方面面的利益。能否处理好利益关系，能否做到面对诱惑不动心，就成为务实的一个关键。

要想创造未来，首先要直面现实。温州商人王鹏硬是靠着不屈不挠的实干精神，在东北开辟了一片属于自己的世界。1979年，年仅16岁的王鹏口袋里装着有限的一点钱来到长春，在长春市西四马路胡同口摆了个眼镜摊。他还清晰地记得刚到长春时，由于只穿了一条单裤而深刻体会到了北方的寒冷，而这种辛苦比起创业的艰难来却又显得微不足道。

　　1983年，王鹏开了一家正规眼镜店。看到当时顾客到国营眼镜店配眼镜排队，并且一个月后才能取镜的情况时，他打出了"配镜高效率"的招牌。承诺半天之内一定让客户满意，并建立了当时很少有企业顾及的售后服务。每天有2名—4名专业人员分乘两辆专车，随时到客户家上门验光和免费维修。他花费了多于别人百倍的力气，赢得了客户的认可。1986年王鹏花费昂贵学费到重庆眼镜职业学校就读，学习现代化的眼镜制作技术知识，使自己成为验光配镜的专家。十几年后，王鹏的眼镜店发展成多家连锁店，在新的现实面前，王鹏又一次选择了迎接挑战。他自修了企业管理课程，并为企业发展输入了新的理念。如今身为吉林省长春市眼镜行业的龙头老大，王鹏在谈自己成功的经验时，用很朴实的语言表达了最深刻的道理，即最重要的是认清现实，脚踏实地。一步一个脚印地往前走，千万不能好高骛远。

　　对于具有务实精神的人而言，如果不付出努力，成功永远不会自动来到自己身边；机会也永远是留给有准备的人，同样残酷的市场竞争不允许企业白白养活那些不努力工作的员工。况且为了实现利润最大化，企业也绝不会让那些企图不劳而获的员工拖企业的后腿。

　　人非生而知之者，孰能无惑。务实也是如此，没有人能够生下来就什么都会、就可以把所有事都做得头头是道。务实首先是一种实践能力，只有深入实践去摸索、去调研并去探究，才能明白我们需要怎样做、做什么，我们的头脑才能条理清晰且目标明确，我们的工作才能分清轻重缓急，有条不紊并高效率地推进。

自 我 提 升

高效能人士认为：天上永远不会掉馅饼，有行动才有收获，不劳而获的思想无论何时何地都与务实的工作作风格格不入。

2. 工作可以枯燥，你不能浮躁

著名作家罗曼·罗兰说："一个人慢慢被时代淘汰的最大原因，不是年龄的增长，而是学习热情的下降，工作激情的减退。"

工作是实现成功的途径，但更应该是享受人生的手段。享受工作，也许一些人会嗤之以鼻，因为他们只是把工作当作谋生的手段，一种不得已而为之的生存方式。在他们眼里，工作只是负担、压力、疲惫，没有快乐可言。

小周，传媒专业的本科毕业生，第一天到广告公司上班的时候，她穿着一件洗得发白的牛仔裤，一件纯白的棉衬衫，一张不施粉黛的脸，看上去只有十八九岁的样子。当时她的装扮给现在的上司留下了不好的印象：连最起码的着装还没学会就来应聘——令人意想不到的是她居然被公司留下了。

先入为主的成见注定她和上司不和谐，但是小周依然每天像快乐的小鸟一样来上班。上司并没有给她多少事情，她却很少让自己闲下来，把办公室里里外外打扫得干干净净不说，还跑到别的科室去帮着别的同事打水扫地。

上班后，她就这样处理着一些没有多大意义的琐碎事情。有几次，她实在没什么事情做了，就小心地问上司有什么需要她做的。其实，事情有很多，上司手头需要整理的材料有一大堆，可她不放心交给小周。于是用一种自己也想不到的语气来回答她："急什么，总会有你做的事。不过，那些打水扫地的活儿，你也不必去做。公司里有勤杂工，你来这儿不会就为做这些吧？"小周的脸红了，急忙低下头。

之后的一天早晨，她在上司的办公桌上放了一张简陋的广告创意，可是，上司拿起来瞄了一眼，随手就把那张纸丢到脚边的垃圾筒里。小周眼里是满满的失望。"是你做的吗？"上司问。"是的，我做得不好，请您多指点。""嗯，下次吧。"

第二天上班时间，一张同样大小的纸又放在了上司的办公桌上，这一次比上次略微好些，但离上司的要求还相差甚远。上司再一次把它丢进垃圾筒，小周还是什么也没说，就转身退出了办公室。

接下来几天，小周每天上班都把自己设计的广告创意放在上司的桌上，每一次都会比前一次有一点儿小小的改进，但总体水平并没有多大的起色。终于有一天，上司开口了："其实，你也许没有发现，你并不适合做广告这一行。因为你的创意没有一丝新意，干这一行没有创意是很可怕的。"小周的眼泪，在眼里转了好久，最终还是掉下来了："谢谢您的指点，我知道了。但我也想对您说，不管我做得多差，每一次都是我努力的结果，而且，我也坚信，每一次我都比前一次做得好。这些虽然被您随意地扔进了垃圾筒，而对于我却是成长的经历，我会珍惜它们。"她从背后拿出那些曾经被上司随便丢进垃圾筒的广告创意。

以后，小周再没有将自己设计的作品放到上司的桌上，在公司里也沉默了许多。更多的时候，她只抿着嘴唇专心地做事，干好自己分内的事后，她把更多的时间用来看书学习。

有一次，老总派小周的上司去谈一笔很大的广告业务，本来已经成功了，却在签约的前一天出了问题。对方忽然打电话来说有另外一家广告公司的创意更适合他们，所以只好遗憾地终止合作。上司一听就火了，在电话里很不客气地驳斥对方不守信用。小周一直待在她的旁边，小心地问真的无法挽回了吗？上司用一种从未有过的失败感说："没用了，人家明天就签约了。""可是还没有到明天，说不定还有转机呢！"小周说。

第二天上班时间，小周没有像往常一样出现在办公室。快要下班时，见老总满面喜色地走进来，身后的她也满面春风地跟进来。老总大声说："向大家宣布一个好消息，我们的小周为我们公司立下了一个大功。你们可能都没想到，她居然用自己的作品说服了我们的客户，为我们拿下了一笔大业务。今天中午，我们要为她庆贺一下，做事情要的就是这种精神！"上司的脸红了。

此后，小周接二连三地拿出好创意，很快吸引了老总的注意，而排斥她的上司最终只得让贤辞职。

小周是不浮躁的典型例子，她没有因为上司的冷落而忘了自己的职责，而是努力上进、学习进修，最终她的付出得到了回报。

所以，在工作中，一个人不浮躁，才会学有所成，学有所获。

我们一定要安安分分地工作，不因外在的环境变化而打扰到内心的坚定。当然，任何一种工作都不会像你所想的那样完美，总免不了有一些瑕疵。但是，工作可以枯燥，你不能浮躁。你只要选择了所从事的工作，它就值得你用心去对待，只有通过对工作的投入和倾心，才能从中寻找到乐趣和享受，自然也就掌握了自己人生的纤绳和命运。

自 我 提 升

林肯说："一些事情人们之所以不去做，只是认为不可能。而许多不可能，只存在于我们的想象之中。"享受工作也是如此，它的不可能只是一种想象，实际上，我们完全可以做到。

3. 忍到瓜熟之时，蒂方能脱落

有一个小孩，很喜欢研究生物，很想知道蛹是如何破茧成蝶的。有一次，他在草丛中看见一只蛹，便取了回家，日夜观察。几天以后，蛹出现了一条裂痕，里面的蝴蝶开始挣扎，想抓破蛹壳飞出。艰辛的过程达数小时之久，蝴蝶在蛹里辛苦地挣扎。小孩看着有些不忍，想要帮帮它，便拿起剪刀将蛹剪开，蝴蝶破蛹而出。但他没想到，蝴蝶挣脱蛹以后，因为翅膀不够有力，根本飞不起来，不久，痛苦地死去。

那只蝴蝶在蛹里要破壳飞出来的时候，在最后的几小时中要不断地挣扎，挣扎过程实际上是成长的过程，是获得新生的过程。如果它通过努力能将这个蛹打开裂口，飞出来的时候，它便可以轻松自如。但是这个小孩帮它加速了这个过程，用剪刀剪开蛹壳，蝴蝶轻而易举地出来了，可是它的翅膀没有经历撕破蛹的奋斗过程，不够强壮。所以这个小孩想帮蝴蝶的忙，结果反害了蝴蝶，正所谓欲速则不达。

人也是一样，成功需要力量的积聚，急于求成必然会导致最终的失败。破茧成蝶虽然是非常痛苦和艰辛的过程，但只有经过这番磨难才能换来日后的翩翩起舞。所以，在做事情的时候，我们一定要遵循事物的规律，千万不能为了一时求快，而违反事物的发展规律。只有瓜熟之时，蒂方能脱落。

《战国策》中有一个故事是这样的：有一个国君愿意出一千两黄金购买一匹千里马，可3年过去了，千里马仍没买到。这时，有个侍臣请求国君出去寻求千里马。侍臣找了3个月，终于找到了线索，可到地方一看，马已经死了。侍臣拿出了五百两黄金买回了那匹千里马的头骨,返回交给了国君。国君非常生气:"我所要的是活马,怎么能把死马弄回来而且还用了五百两黄金呢?"

侍臣回答说:"您连死马都肯花五百金买下来,何况活马呢?消息传出去,很快就有人把千里马给您牵来。"果然,不到一年时间,就有好几匹千里马送到了国君手中。

侍臣很聪明,他明白急于求成得不到千里马,运用一定的方法,做足准备,自然能够达到目的。人也一样,只有注重知识的积累,迎难而上,一步一步来才能变得坚强有力,成功才会不期而至。

日本近代有两位一流的剑客,一位是宫本武藏,另一位是柳生又寿郎。

当年,柳生拜师宫本。学艺时,向宫本说:"师傅,根据我的资质,要练多久才能成为一流的剑客?"

宫本答道:"最少也要十年吧!"柳生说:"哇,十年太久了,假如我加倍苦练,多久可以成为一流的剑客呢?"

宫本答道:"那就要二十年了。"

柳生一脸狐疑,又问:"假如我晚上不睡觉,夜以继日地苦练呢?"宫本答道:"那你必死无疑,根本不可能成为一流的剑客。"

柳生非常吃惊:"为什么?"宫本答道:"要当一流剑客的先决条件,就是必须永远保留一只眼睛注视自己,不断反省自己。现在,你两只眼睛都只盯着剑客的招牌,哪里还有眼睛注视自己呢?"柳生听了,满头大汗,当场开悟,最终成为一代名剑客。

获得成功的人都知道,进步是通过一点一滴努力得来的。万丈高楼是由一砖一瓦堆砌成的。足球比赛的最后胜利是由一次一次的得分累积而成的;商业的繁荣也是靠着一个一个顾客的购买造成的。大道至简,所谓的成功就是一步一步地往前走，除此之外别无捷径。事业如同耕耘，有人因进展太慢而中途放弃，试图揠苗助长，但急于求成往往又会自毁前程。

春秋末期，齐国国王齐景公非常器重相国晏婴，国中无论大小事情，都要向晏婴请教，然后才可以定夺。一次，齐景公正在海边游玩散心，忽然接到侍者的报告，说："大王，大事不好了，相国晏婴病倒了，情况危急啊！"

齐景公听到这个消息，惊慌失措，下令马上回京。他挑选了最好的驭手驾车，挑选了最好的马匹拉车，急急忙忙地出发了。在车上，齐景公不住地催促驭手："快点，再快点！不然相国会有危险的！"虽然马车跑得已经够快了，齐景公仍然觉得太慢，于是就把驭手推到一边，索性自己拿起鞭子赶起车来。这样跑了一阵子，齐景公还觉得不够快，怎么办呢？

这时候，心急如焚的齐国国君做出了一个惊人之举，他干脆跳下马车，徒步奔跑了起来。跑了一会儿，齐景公累得汗流浃背，上气不接下气。齐景公当然没有四条腿的马跑得快了，他一心求快，结果反而更慢了。齐景公见这样不行，只好又回到车上，让驭手重新驾驶马车往京城赶路，这个时候的齐景公才觉得，还是马车走得快，假如自己赶车或者徒步跑回京城，还不知道要到什么时候才能够到达。

成功者的步伐永远是从最浅的脚印开始的。因为比较弱小，所以还需要成长，需要耐心地等待、积累。没有量的积累就没有质的飞跃，"欲速"反而"不达""见小利则大事不成"。急功近利一直是成功路上的绊脚石，成大事者不会在意眼前利益得失。

自我提升

耐心，是隐忍的基石，也是成功的根本。没有耐心的人，遇到困难就会灰心丧气，遇到险阻就会中途放弃。有耐心，再艰难的事也能办成功，没有耐心，再容易的事也难办成功。

4. 草率不是果断，只能让你吃尽苦头

说起曹操，他"宁我负人，毋人负我"的"奸雄"形象一直深入人心，他杀吕伯奢一家的故事一直被人提起。

曹操刺杀董卓失败后，畏罪潜逃，途中被人捉住。幸亏得到陈宫帮助，才被释放出来。曹操和陈宫一起逃走，在路上两人路过曹父的结义弟兄吕伯奢家，在那借宿一晚。他们得到吕家的殷勤款待，吕伯奢还要去买酒。其间曹操"忽闻庄后有磨刀之声"，便起疑心。潜入后堂后，听见有人说话："缚而杀之，何如？"曹操以为吕家的人要对自己不利，于是"拔剑直入，不问男女，一连杀死八口"。后来才发现人家是准备杀猪宰羊款待自己，误杀了好人。这才会"既而凄怆曰：宁我负人，毋人负我"，其时后悔已经来不及了。

曹操在处理事务上疑神疑鬼、意气用事，不做细致的调查研究和分析，草率行事，在自己的英名上涂上了污点儿，冷了陈宫等人的心，并且成为后人的骂柄，可见草率行事的危害有多大。

　　一个人草率行事的性格只能让自己吃尽苦头，毫无头绪、混乱不堪且漏洞百出，高效能人士认为果断是一种积极的做事态度，但是草率则是一种坏的习惯。

　　我们的行动通常比较受情绪、成见、急躁或其他非分析性做法的影响，这都是不成熟的表现。就好像小孩子喜欢凡事"马上去做"，过马路的时候不注意两旁的车辆，或在烈日下跑到海边游玩结果却中了暑等都是不顾后果、只凭冲动便糊涂行事的幼稚行为。

　　我们年纪轻、经验少又急于求成，更是容易做事冲动，不计后果。有些人甚至缺少计划，任性而为，想到哪儿做到哪儿。他们好像有极强的自信心，其实应该说是自负。他们认为即使没有经过精心设计与安排也同样能够马到成功，这是行事草率的明显特征。

　　在日常生活中，我们做事千万不能鲁莽和草率。无论遇到什么事都不要急于下结论，而是经过认真调查了解，弄清楚事情的全貌，然后再做判断并下结论，这样才不至于犯主观上的片面错误，我们也就不会因为做出蠢事而后悔。

　　对行事容易草率的人来说，有句很好的座右铭："先了解你要做什么，然后去做。"假如决断和行动力是迈向成熟的必要条件，那么我们所采取的行动必须基于良好的分析与判断。

　　住在新加坡的泰德·考丝太太，好几年前曾为财务问题烦恼不已。她有一位多病的母亲，母亲的起居由两名妇人负责照料。考丝太太后来发觉很难继续维持这样的开销，而一位时常在财务上资助她的叔父也致电向她询问是否可以减少开支，如减少那两名看护妇的薪水，或缩减房屋的维修费等。考丝太太一时不知该如何决定，便要求让她好好想一下，等做了决定之后再回电话给他。

　　考丝太太一直十分感谢这位叔父长期的帮忙，也觉得应该想办法减轻这位叔父的负担。"我取来一些纸张，然后开始分析。"考丝太太描述道：

"我先把母亲的收入，如有价证券、叔父给她的补助等一一列出来，然后再列出所有开支。没多久，我便发现母亲在衣食方面的花费极少。但那栋拥有十一个房间的住所，却得花一大笔钱来维持。当我见到这些白纸黑字的证据，便知道事情该如何处理了——那房子必须解决。从另一方面来看，母亲的身体愈来愈坏，我担心这时移动她可能不太妥当。她一直希望能在那栋房子度过余生，我也愿意尽可能成全她的愿望。于是我去拜访一位医师朋友，请他给我一些意见。这位医师认识一名经营私人疗养院的妇人，地点离我们住的地方只有3分钟路程。这位妇人不但心地好，人也十分能干，所收的费用也极合理，因此我决定把母亲送到她家去，让她来照顾。"

这件事情的处理结果，对每个人都十分理想。考丝太太的母亲受到极好的照顾，好像她仍住在家里；考丝太太不再忙于挣钱，现在每天都能抽空去探望她，而不是每星期一次；她叔父的负担减轻了，她们的财务问题也解决了。此次经验告诉考丝太太，把问题清楚地写下来，便能完整并清楚地看到所有的事实，问题往往也迎刃而解。

高效能人士指出，一个行动是否会成功，往往要事前进行分析。假如考丝太太没有好好去研究问题所在，也没有好好去组织解决的步骤。而是草率采取行动，则很可能不但不能解决财务问题，甚至还会严重影响母亲的健康。行动能力的确是成熟心灵的必备条件之一，但必须有知识和理解做基础，才能避免毫无价值的草率性格和行为。

自 我 提 升

要想成为高效能人士就要克服自身的种种缺点，不要把草率当成果断。草率是一种十分不可取的行为；相反，务实的态度可以使一个人走向成功。高效能人士做事从来都不草率，他们总能正确地分析当前情况，根据客观的事实做出正确的决策。

5. 一个人不能同时骑两匹马

　　法国作家莫泊桑很小就表现出出众的聪明才智。一天，莫泊桑随同舅父去拜访好友——著名作家福楼拜。舅父想推荐福楼拜做莫泊桑的文学导师，可是莫泊桑却骄傲地问福楼拜究竟会些什么。福楼拜反问莫泊桑会些什么，莫泊桑得意地说："我什么都会，只要你知道的，我就会。"

　　福楼拜不慌不忙地说："那好，你就先跟我说说你每天的学习情况吧。"莫泊桑自信地说："我上午用两个小时来读书写作，用另两个小时来弹钢琴。下午用1个小时向邻居学习修理汽车，用3个小时来练习踢足球。晚上，我会去烧烤店学习怎样制作烧鹅，星期天去乡下种菜。"说完后，莫泊桑得意地反问道："福楼拜先生，您每天的工作情况又是怎样的呢？"

　　福楼拜笑了笑说："我每天上午用4个小时来读书写作，下午用4个小时来读书写作，晚上，我还会用4个小时来读书写作。"莫泊桑不解地问："难道您就不会别的了吗？"福楼拜没有回答，而是接着问："你究竟有什么特长，比如有哪样事情你做得特别好的？"这下，莫泊桑答不上来了。于是他便问福楼拜："那么，您的特长又是什么呢？"福楼拜说："写作。"

　　原来特长便是专心地做一件事情，莫泊桑下决心拜福楼拜为文学导师。一心一意地读书写作，最终取得了丰硕的成果。

　　很多案例告诉我们，专心程度与成就成正比。

　　许多庸人，他们之所以学无所长、碌碌无为，不是因为他们的智商，不是因为他们没有机遇，他们的突出特性就是难以专心致志。一个花很多时间去凿很多口浅井的人，怎能挖出深井的甘泉？没有事情是简单的，任何一件事完成起来都要花费相当的精力。人心无法一分为二，只有专心才是解决问题最好最快的途径。

要想成为高效能人士就要有专心的习惯，专心有着巨大的力量。有了专心，你做什么都会成功的。

有两支备受国人关注的足球队，一支是由健全人组成的中国国家男子足球队；另一支是由盲人组成的参加北京残奥会的中国盲人男子足球队。

健全人男足的队员都是职业选手，他们有丰厚的收入，有一流的教练，有最好的训练条件，有丰富的精神生活。在大赛期间他们还能出入酒吧夜店，看尽人世间的花红柳绿。

而盲人男足的队员都是业余的，他们来自不同的行业。有的是学生，有的是按摩师，还有的是酒店服务员。他们收入微薄，为了养家糊口，他们中的一些人平时不得不四处奔波，尝尽了生活的不易和辛酸。他们的精神生活更加贫乏，陪伴他们的永远都只有黑暗。

然而让人没想到的是，组建才两年的盲人男足，首次参加北京残奥会，不仅实现了健全同行多年来的梦想——战胜韩国队，而且还以4胜1平1负的骄人战绩为中国队摘得了一枚沉甸甸的银牌，给国人以惊喜和鼓舞。盲人男足与健全人男足相比，他们显然是一个成功的团队。

盲人足球队的教练说："因为看不见，所以他们更加专心。他们是在用心踢球，而且从不放弃。"

盲人男足因为生活在黑暗之中，踢球时他们必须专心致志并心无旁骛，用心来感受足球的滚动、队友的存在和对手的位置。所以他们获得了成功，赢得了国人的尊重。专心就会成功，盲人男足用实际行动证明了这个真理。

美国汽车推销之王乔伊·吉拉德在这方面曾有过深刻的体验，一次某位名人来向他买车，他推荐了一款最好的车型给他。那人对车很满意，并掏出一万美元现钞。眼看就要成交了，对方却突然变卦而去。

乔伊为此事懊恼了一下午，百思不得其解。到了晚上11点，他忍不住打电话给那位顾客："您好！我是乔伊·吉拉德，今天下午我曾经向您介绍一部新车。您就要买下时，却突然走了。"

"喂，你知道现在是什么时候吗？"

"非常抱歉，我知道现在已经是晚上11点钟了。但是我检讨了一整天，实在想不出自己错在哪里了，因此特地打电话向您讨教。"

"真的吗？其实今天下午你根本没有用心听我说话。就在签字之前，我提到车的磨合期、车的耗油量、车的保修期，以及车辆在山路上的行驶性能等问题，你却毫无反应。"

乔伊不记得对方曾说过这些事，因为他当时根本没有注意倾听这些。乔伊认为已经谈妥这笔生意了，他便无心听对方说什么，而是在听办公室内另一位营销人员讲笑话。

在与顾客沟通的过程中，营销人员最容易犯的错误就是只摆出倾听顾客谈话的样子，内心却迫不及待地等待机会，发表自己的观点。他们听不出顾客的意图、听不出顾客的期望和需求。不能专心聆听，营销就有如失去方向的箭。

高效能人士说，"专心"本身并没有什么神奇，只是控制注意力而已。所有具有成功性格的人都深信，一个人只要集中注意力，就能调整自己的思想，使它能接受空间的所有思想波，这样整个世界都将成为一本公开的书籍，供你随意阅读；如果你总爱分心，那么就会一事无成，处处感到难堪。每一个渴望成为高效能人士的人，都应当记住这一点。

一个人不能骑两匹马，骑上这匹，就会丢掉那匹。聪明的人会把所有分散精力的要求置之度外，只专心致志学一门，并把这一门学到极致。

6. 小事都不愿做，大事怎么可能做得好

什么叫作"不简单"？能够把简单的事情天天做好就是不简单。什么叫作"不容易"？大家公认的非常容易的事情，非常认真地做好它，就是不容易。

罗斯特是一家公司的采购部经理，一天，他看到公司定制的圆珠笔和复印纸异常精美，于是陆续拿了些回家，给他上学的女儿使用。一个偶然的机会，这些东西被女儿的老师看见了，而该老师的丈夫恰好正是与这家公司有业务往来的高级主管。

该高级主管了解这件事后，说道："这家公司的风气太坏了，公司的员工只想着自己而不是公司！这样的公司怎么能有诚意做好生意呢？"于是他中止了与该公司的合作计划。

谁会想到计划的中断，竟是缘起小小的圆珠笔！

"不因善小而不为，不因恶小而为之"，工作或生活中许多不良习惯，哪怕它如芥粒，非常之小，其所造成的危害也比你想象的要严重得多。许多看似微不足道，不足以影响大局的小毛病，往往决定了你的前途命运。

高效能人士说，做人要大气，做事要实在。大气不是夸夸其谈，而是

豁达大度；实在也不是婆婆妈妈，而是脚踏实地。高效能人士认为所有的大事都是从小事开始的，所有的失败都是从最简单的事开始的。正如古语所说："千里之堤，溃于蚁穴。"

很多人易陷入"小事不愿做，大事做不好"的局面，其实能成大事者，无不于小事入手。

许多年前，一个年轻人来到一家著名的酒店当服务员。这是他涉世之初的第一份工作，因此他很激动。他暗下决心一定要竭尽所能，成为让别人看得起的人。

没想到的是，在新人受训期间，上司竟然安排他洗马桶！从那以后，他变得心灰意冷且一蹶不振。在这关键时刻，同单位一位前辈及时地出现在他的面前。她什么话也没有说，亲自洗马桶示范给他看。等到洗干净了，她从马桶里盛了一杯水，当着他的面一饮而尽！她用实际行动告诉他经她洗过的马桶，不仅外表光洁如新，里面的水也是一干二净的。

"就算一辈子洗马桶，也要做一个洗马桶最出色的人！"

从此，他脱胎换骨，成为一个全新的人，他的工作质量达到了无可挑剔的高水准。终于有一天他也可以当着别人的面，从自己洗过的马桶里盛一杯水，眉头不皱一下喝下去。

后来他成了世界旅馆业大王，他的事业遍布全球。他的一切成就都得益于他永不停顿的脚步和永不满足的创造行动，他就是康拉德·希尔顿。

这个故事在美国妇孺皆知，成为诠释从小事做起和从简单化做起的精神的最佳典范。如果你只是为老板工作、只为老板的薪水工作，那么你能做到的只是去洗马桶；如果你不仅为薪水工作，还为自己工作，即把老板的事业当成自己的事业，即使你去洗马桶，也是一个最优秀的洗马桶者！

在这种力量驱动下的人，可以永远保持最旺盛的工作热情和最忘我的工作态度。他们成为每个组织和机构最欢迎的雇员，每一个老板最欣赏和重用的人才。美国之所以成为经济强国，可以毫不夸张地说这主要归功于美国的每一个组织和每一个角落都有像希尔顿那样具备超乎寻常的"精神力"的人。

一名默默无闻的墨西哥移民，胸怀大志，后来竟成为世界上最大经济实体的财政部长。

罗马纳·巴纽埃洛斯是一位年轻的墨西哥姑娘，16岁就结婚了。在两年当中她生了两个儿子，丈夫不久后离家出走。罗马纳只好独自支撑起家庭，但是，她决心谋求一种令她自己及两个儿子感到体面和自豪的生活。

她带着一块普通披巾包起全部财产，跨过里奥兰德河。在得克萨斯州的埃尔帕索安顿下来，开始在一家洗衣店工作。那时她一天仅赚1美元，却从没忘记自己的梦想，即要在贫困的阴影中创建一种受人尊敬的生活。于是口袋里只有7美元的她，又带着两个儿子乘公共汽车来到洛杉矶寻求更好的发展机会。

她开始做洗碗的工作，后来找到什么活就做什么。她拼命攒钱，直到存了400美元，便和她的姨母共同买下一家拥有一台烙饼机及一台烙小玉米饼机的店。

她与姨母共同制作的玉米饼非常成功，后来还开了几家分店。直到最后，姨母感觉到工作太辛苦了，这位年轻妇女便买下了她的股份。

不久她经营的小玉米饼店铺成为全美最大的墨西哥食品批发商，拥有员工300多人。

她和两个儿子经济上有了保障之后，这位勇敢的年轻妇女便将精力转移到提高美籍墨西哥同胞的地位上。

"我们需要自己的银行。"她想。后来她便和许多朋友在东洛杉矶创建了"泛美国民银行"，这家银行主要是为美籍墨西哥人所居住的社区服务。如今，银行资产已增长到2200多万美元，在这之前抱有消极思想的专家们告诉她："不要做这种事。"他们说："美籍墨西哥人不能创办自己的银行，你们没有资格创办一家银行，并且永远不会成功。""我行，而且一定要成功。"她平静地回答说。结果她真的梦想成真了，她与伙伴们在一个小拖车里创办起他们的银行。可是到社区销售股票时却遇到另外一个麻烦，因为人们对他们毫无信心，他们问道："你怎么可能办得起银行呢？""我们已经努力了十几年，总是失败，你知道吗？墨西哥人不是银行家呀！"但是她始终不放弃自己的梦想，始终坚持不懈。如今，这家银行取得伟大成就的故事在东洛杉矶已经传为佳话，后来她的签名出现在无数的美国货币上，她由此成为美国第34任财政部长。

阿奇博德是美国标准石油公司的一名小职员，他有个外号叫"每桶4美元"。这是因为他每次在旅馆住宿或书信及收据上签名时，总要在自己名字的下方认认真真写上"每桶4美元的标准石油"几个字。

公司董事长洛克菲勒知道后说："竟有这样努力宣扬公司声誉的职员，我一定要见见他。"于是盛情邀请阿奇博德共进晚餐。多年以后洛克菲勒卸任，阿奇博德做了第二任董事长。

阿奇博德做的是一件人人都可以做到的区区小事，也许别人不做或不屑做，或根本就没有想到要去做。唯有阿奇博德特别细心精明，发现这是一个做"免费广告"的办法，并且认认真真把这件小事坚持做下去了，他为此而得到了应得的回报。

自 我 提 升

大师王国维曾说过这样一句话："入乎其内，出乎其外。"读书就是要将一本厚厚的书读成一张薄纸。如果能把复杂的问题简单化，则是了不起的本领。我们不仅要正确地认识这个问题，更重要的是需要在实际工作中努力实践并慢慢培养成好习惯。

7. 低下头去实干，用成绩说服别人

在生活中，我们往往会收到别人的贬斥或不公平的评论。此时，任何人都不可能心里舒服，于是，心浮气躁者就容易与人发生争执来证明自己的高明；其实，就算争论成功也只能得到对方口头上的让步。

真正的聪明人却永远都不会采取这种方式来证明自己，而是选择用实际成绩来证明一切。在受到别人质疑的时候他暂时沉默，糊涂地对待外界的一切干扰，暗地里却积蓄力量以求厚积薄发。

麦克·史瓦拉是美国的电视节目主持人，他所主持的"六十分钟"是人人乐道的节目。在刚进入电视台的时候他是一名新闻记者，口齿伶俐，反应快，除了白天采访新闻外，晚上还报道七点半的黄金档。以他的努力和观众的良好反应，他的事业应该是可以一帆风顺的。

很不幸的是，因为麦克为人很直率，一不小心得罪了顶头上司新闻部主管。有一次在新闻部会议上，新闻部主管出其不意地宣布："麦克报道新闻的风格奇异，一般观众不易接受。为了本台的收视率着想，我宣布以后麦克将不会在黄金档报道新闻，改在深夜十一点报道新闻。"

新闻主管的消息让麦克非常意外，他知道自己被贬了，心里觉得很难过，但突然他想到："这也许是上天的安排，主要是在帮助我成长。"他的心渐渐平静下来，表示愿意接受新差事，并说："谢谢主管的安排，这样我可以利用六点钟下班后的时间来进修。这是我早就有的希望，只是不敢向你提起罢了。"

此后，麦克天天下班之后就去进修，并在晚上十点左右赶回公司准备十一点的新闻。他把每一篇新闻稿都详细阅读，充分掌握它的来龙去脉。

他的工作热诚绝没有因为深夜的新闻收视率较低而减退。

渐渐地，收看夜间新闻的观众愈来愈多，佳评也愈来愈多。除了这些不断发来的佳评，有些观众也责问："为什么麦克只播深夜新闻，而不播晚间黄金档的新闻？"询问的信件、电话不断，这引起了总经理的关注。

总经理把厚厚的信件摊在新闻部主管的面前，批评他说："你这新闻主管怎么搞的？麦克这样的人才，你为什么只派他播十一点新闻，而不是播七点半的黄金时段？"

新闻部主管解释："麦克希望晚上六点下班后有进修的机会，所以不能排上晚间黄金档，只好排他在深夜的时间。"

"叫他尽快重回七点半的岗位。我决定让他在黄金时段播报新闻。"

就这样，麦克被新闻部主管又调回黄金时段。不久之后，被选为全国最受欢迎的电视节目主持人之一。

过了一段时间，电视界掀起了益智节目的热潮，麦克获得十几家广告公司的支持，决定也开一个节目，找新闻部主管商量。

积着满肚子怨恨的新闻部主管，板着脸对麦克说："我不准你做！因为我计划要你做一个新闻评论性的节目。"

虽然麦克知道当时评论性的节目争论多，常常吃力不讨好，收入又低，但他仍欣然接受说："好极了！"

自然，麦克吃尽苦头，但他没说什么，仍是全力以赴，为新节目奔忙。节目上了轨道也渐渐有了名声，参加者都是一些出名的重要人物。

总经理看好麦克的新节目，也想多与名人和要人接触。这天他召来新闻部主管，对他说："以后节目的脚本由麦克直接拿来给我看！为了节省时间，由我来审核好了，有问题也好直接跟制作人商量！"

从此，麦克每周都直接与总经理讨论，许多新闻部的改革也有他的意见。他由冷门节目的制作人，渐渐变成了热门人物。由此他也获得许多全美著名节目的制作奖，从而成为家喻户晓的名人。

一个人的争论可以为自己赢回暂时的失利。但实干所做出的成绩却更具有说服力。所以，我们如果遇到类似麦克·史瓦拉那样的情况，应该心里清楚，表面上却做一个糊涂人，用自己的努力去赢得别人的首肯。

孟买佛学院是印度最著名的佛学院之一。这所佛学院之所以著名，除了它的建院历史久远、培养出了许多著名的学者之外，还有一个特点是其他佛学院所没有的。这是一个极其微小的细节，但是，所有进入过这里的人，当他再出来的时候，几乎无一例外地承认，正是这个细节使他们顿悟，正是这个细节让他们受益无穷。

原来孟买佛学院在它的正门一侧，又开了一个小门，这个小门只有一米五高，一个成年人要想过去必须要低头而过，否则就只能碰壁了。

这正是孟买佛学院给它的学生上的第一堂课。所有新来的人，教师都会引导他到这个小门旁，让他进出一次。很显然，所有的人都是低头弯腰进出的；尽管有失礼仪和风度，但却可以使人有所领悟。教师说，大门当然出入方便，而且能够让一个人很体面很有风度地出入。但是，有很多时候，我们要出入的地方并不都有壮观的大门。这个时候，只有暂时放下尊贵和体面的人，才能够出入。否则，有很多时候，你就只能被挡在院墙之外了。

佛学院的教师告诉他们的学生，佛家的哲学就在这个小门里，人生的哲学也在这个小门里，尤其是通向这个小门的路上，几乎是没有宽阔的大门的，所有的门都是需要弯腰低头才可以进去的。

无论顺境、逆境，低调一点终归没有害处。倘若你还未学会低头、弯腰通过人生的那道门，碰壁在所难免。而当你在碰壁了之后才学会弯腰、低头，只怕通过的时候也已错过了最好的境遇。因此，不要等到吃亏了才知道该长一智。

一个高效能人士的自我修养

自 我 提 升

　　要使自己在人生旅途中一帆风顺、少遇挫折，弯腰、低头是最好的处世方式，对每个人来说这都是一门必修的人生功课。

第九章

如何做个卓有成效的时间管理者

1. SMART原则，五个时间管理缺一不可

目标管理原则，也叫SMART原则，最早由管理学大师彼得·德鲁克提出，SMART的每一个字母都代表目标管理的一个方面。

S（Specific）原则：明确性

所谓明确就是要具体、清楚地说明想要达成的行为标准，而不是用抽象的语言和内容。明确的目标几乎是成功团队的一致特点。很多团队不成功的重要原因之一就是目标本身模棱两可，或没有将目标有效地传达给相关成员。

比如说，"增强客户意识"，这种对目标的描述就很不明确，因为增强客户意识有许多具体做法：减少客户投诉、提升服务速度、使用规范礼貌的用语、采用规范的服务流程等等。有这么多增强客户意识的做法，我

们所说的"增强客户意识"到底指哪一块？

不明确就没有办法评判、衡量。所以建议这样修改，比方说，我们将在月底前把收银的速度提升至正常的标准，这个正常的标准可能是两分钟，也可能是一分钟，或分时段来确定标准。

如果领导有一天问："这个目标离实现大概还有多远？"团队成员的回答是"我们早实现了"。这就是领导和下属对团队目标所产生的一种分歧，原因就在于没有给他一个明确的分析数据。

比方说，"为所有的老员工安排进一步的管理培训"。"进一步"是一个很不明确的概念，到底这个"进一步"指什么？是不是只要安排了这个培训，不管谁讲，也不管效果好坏都叫"进一步"？如果能够改进一下，准确地概述为：在什么时间完成对所有老员工关于某个主题的培训，并且在这个课程结束后，员工的工作效率能够得到提高，如果没有提高甚至有所下降就认为效果不理想。这样目标就变得明确起来。

再比如说，前台被要求要保证来电优质服务。什么是优质服务？很模糊。要具体点，比如保证面对紧急情况，正常工作时间内4小时响应。那么什么算紧急情况，又要具体定义：比如四分之一的内线分机瘫痪等。这样的计划才是明确的、具体的，能够让员工一目了然地付诸行动。

M（Measurable）原则：衡量性

衡量性就是指应该有一组明确的数据，作为衡量是否达成目标的依据。如果制定的目标没有办法衡量，就无法判断这个目标是否实现。目标设置要有项目、衡量标准、达成措施、完成期限以及资源要求，使考核人能够很清晰地看到部门或科室月计划要做哪些事情，需要完成到什么样的程度。衡量标准遵循"能量化的量化，不能量化的质化"。使制定人与考核人有一个统一的、标准的、清晰的可度量的标尺，杜绝在目标设置中使用概念模糊的描述。

有的工作岗位，其任务很好量化，就是典型的销售人员的销售指标，做到了就是做到了，没有做到就是没有做到。但是有的工作岗位，工作任务不容易量化，比如研发部门和行政部门。但是，他们的工作仍然要尽量量化。

行政部门的许多工作都是极琐碎的，很难量化。比如对前台有一条要求是"要接听好电话"，但怎么具体量化呢？

解决方法可以是：接听速度要遵循要求，通常为"三声起接"。就是一个电话打进来，响到第三声的时候，就必须要接起来。不可以让它再响下去，以免让打电话的人等得太久。

再如前台的一条考核指标是"礼貌专业地接待来访"，做到怎么样才算礼貌专业呢？

前台工作非常繁忙时应该这么做：工作人员应该先抽空请来访者在旁边的沙发坐下稍等，然后再继续处理手中的电话，而不是做完手上的事才处理下一件。又比如什么叫礼貌？应该规定使用规范的接听用语，不可以在前台用"喂"来接听，早上要报：早上好，某某公司；下午要报：下午好，某某公司；说话速度要不快不慢。

所以，没有量化，是很难衡量前台服务工作到底怎样才算接听好电话和礼貌接待了来访的。

A（Achievable）原则：可实现性

如果上司利用行政手段或权力性的影响力一厢情愿地把自己所制定的目标强压给下属，下属典型的反应是一种心理和行为上的抗拒。一旦有一天这个目标真完成不了的时候，下属可以有一百个理由推卸责任。

"控制式"的领导喜欢自己主观定目标，然后交给下属去完成，他们不在乎下属的意见和反映，这种做法越来越没有市场。今天员工的知识层次、学历、个人的素质，以及他们主张的个性张扬的程度都远远超出从前。因此，领导者应该更多地吸纳下属来参与目标制定的过程（即便是团队整体的目标）。

要坚持员工参与、上下左右沟通，使拟定的工作目标在组织及个人之间达成一致。既要使工作内容饱满，也要具有可达性。可以制定出跳起来"摘桃"的目标，不能制定出跳起来"摘星星"的目标。就如你让一个没有什么英语积累的初中生，在一年内达到英语四级水平，这个就不太现实了，这样的目标也没有意义。但是你让他在一年内把新概念一册拿下，就有达成的可能性。通过努力，跳起来后能够摘到果子，这才是意义所在。

R（Relevant）原则四：实际性

实际性是指在现实条件下是否可行、可操作。可能有两种情形，一方面领导者乐观地估计了当前形势，低估了达成目标所需要的条件，这些条件包括人力资源、硬件条件、技术条件、系统信息条件、团队环境因素等，以至于下达了一个高于实际能力的指标。另外，可能花了大量的时间、资源，甚至人力成本，最后确定的目标根本没有多大实际意义。

示例：一位餐厅经理订的目标是早餐时段的销售额在上月的基础上提升15%。算一下知道，这可能是一个几千块钱的概念，如果把利润计算出来却是一个相当低的数字。但为完成这个目标的投入要花费多少？这个投入可能比起增长的利润要更高，因此这个目标不具备操作性。

当然有时实际性需要团队领导衡量。因为有时可能领导考虑投入多一些，目的是打败竞争对手。这种情形下的目标就是实际的。

部门工作目标要得到各位成员的通力配合，就必须让各位成员参与到部门工作目标的制定中去，使个人目标与组织目标达成认识一致、目标一致，既要有由上到下的工作目标任务，也要有员工自下而上的对工作目标的主动参与。

由于是工作目标的设订，因而制订时要和岗位职责相关联，不要跑题。比如一位前台工作人员，你让她学点英语以便接电话的时候用得上，就很好，但如果你让她去学习六西格玛，就比较跑题了。

T（Time-based）原则五：时限性

目标是有时间限制的。例如，我将在5月31日之前完成某事，5月31日就是一个确定的时间限制。没有时间限制的目标没有办法考核，或带来考核的不公。由于上下级之间对目标轻重缓急的认识程度不同，上司着急，但下面不知道。到头来上司暴跳如雷，而下属还觉得委屈。出现这种情况会伤害工作关系，伤害员工的工作热情。

实施要求：目标设置要具有时间限制，根据工作任务的权重、事情的轻重缓急，拟订出完成目标项目的时间要求，定期检查项目的完成进度，及时掌握项目进展的变化情况，以方便对下属进行及时的工作指导，以及根据工作计划的异常变化情况及时地调整工作计划。

自 我 提 升

无论是制定团队的工作目标，还是员工的绩效目标，都必须符合上述原则，五个原则缺一不可。制订的过程提升了掌控部门或科室先期工作的能力，完成计划的过程是对自己现代化管理能力历练和实践的过程。

2. 不做时间杀手，列个清单约束自己

管理时间的秘诀是永远都做那些最具有生产力的事情。想要避开时间杀手，你便一定要对自己的工作重点进行清理。将所有的工作重点找出来之后，再进行具体的抉择。通常情况下，自己才是真正的时间杀手，唯有设法约束自己，才能令时间管理更顺利地进行。

2010年的8月份，美国某著名杂志的一名记者获准在白宫里待了一整天。在对美国总统奥巴马的日常工作进行了解之后，他发现，总统实在是

一个高标准的工作职位，工作量不仅庞大，而且高速又复杂。如果没有恰当的时间管理清单的话，很难想象总统的生活会变成怎样。

据这位记者观察，奥巴马有黎明即起的好习惯，在起床后，他会先进行45分钟的健身运动，然后与家人一起共进早餐，并利用这段时间对早间报纸进行了解。

吃完饭后，奥巴马会进行总统每日简报的阅读，并在9点半前正式坐到白宫椭圆形办公室中，对一天的工作进行处理。

从早上9点半到下午4点半，奥巴马会参与各种主题的会议，从全球经济到军事情报，从外交政策到联邦活动等，而这些会议的召开时间也是由专人提前精心安排的。

下午6点或6点半时，奥巴马一天的正式工作时间便结束了。

随后，他会抽出时间与妻子、女儿共进晚餐，这是其紧张作息时间表中难得的放松时间，更是奥巴马每天生活中唯一不容公事打扰的时间。

从晚上8点半到深夜，奥巴马会对各类重要的电子邮件与电话进行处理。

在时间管理领域中有一条"帕金森定律"，此定律显示，人始终会根据任务的最终完成期限来对工作速度进行调整。假如一个人知道自己有一个月的时间去完成某项工作的话，他便会在不知不觉间放慢自己的工作速度，转而将整个月的时间都用在此项任务上。但如果有人告诉他，这项工作必须要在一周内完成，他便会对自己的工作状态与工作速度进行调整，以此来保证自己可以在一个星期中完美地完成任务。这便是建立自我时间管理清单的重要性，它会让你在特定的时间内去做特定的事情，并会让你了解到自己在这一时间段内所能达到的最佳做事效果。

时间总清单的制定

你首先要将自己一年内需要完成的每一件事情与目标都列出来，然后进行具体的目标切割：

（1）将年度目标具体切割成季度目标，并在清单中明确指出，每一季度应该做完哪些事情；

（2）将季度目标进一步细分为月目标，并在每个月的月初将其重新罗列一遍，以便在碰到有突发事件需要更改目标的情况时，可以及时地进行相应的调整；

（3）在每一个月的星期天，都将下星期自己需要完成的事情列出来；

（4）每天晚上将第二天需要做的事情列出来。

时间日清单的制定

在进行时间日清单的制定时，你需要格外注意以下几个方面：

（1）估算每完成一件事情大概需要的时间。

想制定出一份理想的日计划，仅仅将这一天中的活动内容列举出来是远远不够的。在此基础上，我们还需要根据自己的真实情况，对每项日程安排所需的具体时间进行进一步的估算。

初学者很可能会对时间的长短没有具体的概念，因此，在进行第一次的估算时，不要给自己安排太多的事情。另外，在做事时，一定要注意时间限制的重要性，将整件事情的完成时间控制在一定范围内。

一旦制定好了计划，你就应严格要求自己，遵守自己规定的时间限制。这样，你才能更有效地抵御外界的干扰，令自己在长期的实践过程中生发出更多的潜能。

（2）留出一定的弹性空间。

没有人知道未来会发生什么，如果你将一天的日程安排得太满，一旦出现任何突发事件，你便极有可能无法从容应对。所以，在制定计划时，要学着将未知的情况也纳入自己的计划中。

你可以尝试着用50%的时间应对明天已经确定下来的各类安排，再用剩下的50%应对突发性事件。

（3）果断地做出正确的取舍。

想要让自己的日清单更有计划、更有意义，你便要学会在不同的任务间进行取舍，具体应按事情的轻重缓急来安排。如果在某段时间内你的工作异常忙碌，你只需要将最重要的事情找出来，并按时完成即可。

（4）对日清单的实施效果进行具体检验。

之所以制定时间清单，是为了让我们的生活更加简单，并期望以此来创造出更理想的生活秩序。因此，只有对日清单的实施计划进行具体的检验，看看自己完成了哪些计划，并将那些未能完成的工作延续到明日的日清单中。如此一来，你便可意识到拖延的坏处，并将自己的拖拉习惯改掉。

也许在实践完以上建议后，你就会认为时间清单的制定与管理进行到这一步已经趋于完善了。但事实上，想要让自己的时间管理更精确，你还不仅需要找出那些未完成的任务，更要对整个计划的制定与实施进行详细的分析，以便找出到底是什么让你无法顺利完成计划：

（1）你是否在一天之中为自己安排了过多的工作？

（2）你是否在某些事情上花费了过多的时间？

（3）你是否将时间浪费在了一件并不重要的事情上？

（4）你是因为受到了外界的干扰，才导致今日计划无法顺利完成的吗？

在找出原因之后，请你接下来进一步地思考如何才能针对这一问题进行改进：

（1）我所制定的日清单是否不够完善？

（2）有哪些科学的工作方式可以提升我的工作效率？

（3）我能否以更高的效率来完成某些具体的事务？

最后，你需要对自己这一整天的意义与价值进行审视：通过实践日清单，你的工作效率是否大幅度提升？你是否向着自己的总清单与总目标又前进了一步？如果你的答案是否定的，接下来，你应该如何主动地对这些问题进行弥补？

自 我 提 升

在实践自我时间管理清单时，你需要知道：唯有那些拥有毅力与耐心的人才会成时间管理的大赢家，半途而废者是永远也品尝不到胜利和甜蜜的。

3. 每天、每月、每年的工作计划——越具体越好

一个高效能人士是非常细腻的，绝对不会粗心大意。计划，一定要周详，计划若是漏洞百出，等于没有计划。

下面是安排工作计划的几点建议：

（1）每天清晨把一天要做的事列出清单。

如果你不是按照办事顺序去做事情的话，那么你的时间管理也不会是有效率的。在每一天的早上或是前一天晚上，把一天要做的事情列一个清单出来。这个清单包括公务和私事两类内容，把它们记录在纸上、工作簿上、你的手机上或是其他什么上面。在一天的工作过程中，要经常地进行查阅。举个例子，在开会前十分钟的时候，看一眼你的事情记录，如果还有一封电子邮件要发的话，你完全可以利用这段空隙把这项任务完成。当你做完记录上面所有事的时候，最好要再检查一遍。如果你和我有同样的感觉，那么，在完成工作后通过检查每一个项目，你将体会到一种满足感。

（2）把接下来要完成的工作也同样记录在你的清单上。

在完成了开始计划的工作后，把下来要做的事情记录在你的每日清单

上面。如果你清单上的内容已经满了，或是某项工作可以改天来做，那么你可以把它算作明天或后天的工作计划。你想知道为什么有些人告诉你他们打算做一些事情但是却没有完成吗？这是因为他们没有把这些事情记录下来。如果我是一个管理者，我不会三番五次地告诉我的员工我们都需要做哪些事情。我从不相信他们的记忆力。如果他们没带纸和笔，我会借给他们，让他们将要完成的工作和时间期限记录下来。

（3）一天结束后，对当天没有完成的工作进行重新安排。

现在你有了一个每日的工作计划，而且也加进了当天要完成的新的工作任务。那么，对于一天下来那些没完成的工作项目又该做何处置呢？你可以选择将它们顺延至第二天，添加到你明天的工作安排清单中。但是，希望你不要成为一个办事拖拉的人，每天总会有干不完的事情，这样，每天的任务清单都会比前一天有所膨胀。如果的确事情重要，没问题，转天做完它。如果没有那么重要，你可以和与这件事有关的人讲清楚你没完成的原因。

（4）记住应赴的约会。

使用你的记事清单来帮你记住应赴的约会，这包括与同事和朋友的约会。一般情况下，工作忙碌的人们失约的次数比准时赴约的次数还多。如果你不能清楚地记得每件事都做了没有，那么一定要把它记下来，并借助时间管理方法保证它的按时完成。如果你的确因为有事而不能赴约，可以提前打电话通知你的约会对象。

（5）制一个表格，把本月和下月需要优先做的事情记录下来。

很多人都开始制定每一天的工作计划，但有多少人会把他们本月和下月需要做的事情进行一个更高水平的筹划呢？除非你从事的是一项交易工作，它的时间表上总是近期任务，你经常是在每个月末进行总结，而月初又开始重新安排筹划。对一个月的工作进行列表规划是时间管理中更高水平的方法，再次强调，你所列入这个表格的一定是你必须完成不可的工作。在每个月开始的时候，将上个月没有完成而这个月必须完成的工作添加入表。

（6）把未来某一时间要完成的工作记录下来。

你的记事清单不可能帮助提醒你去完成在未来某一时间要完成的工作。比如，你告诉你的同事，在两个月内你将和他一起去完成某项工作。这时你就需要有一个办法记住这件事，并在未来的某个时间提醒你，比如手机的日程提醒。为了保险起见，你可以使用多个提醒方法，一旦一个没起作用，另一个还会提醒你。

（7）保持桌面整洁。

我从不相信一个把自己工作环境弄得乱糟糟人会是一个优秀的时间管理者。同样的道理，一个人的卧室或是办公室一片狼藉，他也不会是一个优秀的时间管理者。因为一个好的时间管理者是不会花很长时间在一堆乱文件中找出所需的材料的。

（8）把做每件事所需要的文件材料放在一个固定的地方。

随着时间的过去，你可能会完成很多工作任务，这就要注意保持每件事的有序和完整。一般可以把与某一件事有关的所有东西放在一起，这样当需要时查找起来就非常方便。当彻底完成了一项工作时，再把这些东西集体转移到另一个地方。

（9）清理你用不着的文件材料。

也许你会感到吃惊，把新用完的工作文件放在抽屉的最前端，当抽屉被装满的时候，清除在抽屉最后面的文件。换句话说，你要学会保持只有一个抽屉的文件，总量不会超出这个范围。有的人会把所有的文件都保留着，这些没完没了的文件材料最后会成为无人问津的废纸，很多文件可能都不会再被人用到。当然，有的时候，你也许需要查找用过的文件，所以原稿要一直保留在计算机里。

（10）定期备份并清理计算机。

保存在你计算机里的95%的文件是过时的，其打印稿可能还会在你的手里放三个月，要定期地备份文件到U盘或移动硬盘上，并马上删除机器中不再需要的文件。

自 我 提 升

什么叫计划？就是问自己，为了达成这个目标，我需要做哪些事情？把它们全部写下来，想清楚哪个是第一要做的，哪个是第二要做的，标上一、二、三、四、五，以此类推。

4. 避开时间管理的黑洞

所谓时间管理的误区，是指导致时间浪费的各种因素。

以下列出时间管理的几个误区，请大家仔细阅读并分析，看看自己是否存在同样的问题。

（1）重要≠紧急，一定要分出轻重缓急。

成功者都懂得区分事情的重要和紧急。如果我们学会如何把重要的事情变得"紧急"，那么我们的工作将既有效率又有效益。

哈佛时间管理大师艾·维利曾预见了紧急事件和重要事件撞车的情况，并给出了解决方案。

你需要留出几个小时的时间，思考紧急和重要哪个优先，这些建议可以帮你确定事情优先顺序的问题。把你的回答记下来，但不要写得很详细。每个问题只用一两句简单的话回答即可。

我需要做什么？

什么能给我带来最高回报？

什么能给我最大满足感？

对这三个问题做出回答之后，用打印机打印出来，贴在工作区适当地方，以提醒自己有效利用时间。

当紧急事件和重要事件撞在一起时，你应该能从这三个问题中获得答案，而且，你做出的选择也是发自内心的，属于为自己负责的决定。

事实证明，先做什么事情并不是一定的，这取决于紧急事件紧急的程度和重要事件在自己心目中的分量。

举个例子：这件事你不做，你就将丢掉饭碗，而另一件事只是你晋升之前必须完成的任务，那么很明显，你必须先保住饭碗，才能有以后获得晋升的机会。

紧急和重要事件的排序办法之一就是弄清楚做什么事有什么好处，然后行动起来。最佳办法是从你的目标与理想的角度分析这个工作，如果你有个重大目标，那你就比较容易拿出干劲去完成有助于你达到目标的工作。

如果你能将自己要完成的目标的具体内容写出来，那么你就能了解到目标的全貌，以及眼前的工作哪些是重要的、紧急的。

很多公司会将从事的工作内容明确地写在纸上，称之为"活动日志"。你也可以借鉴过来，只要是自己该做的事，如果事先都能写出一份与工作报表相似的"清单"，这对于你实现目标将产生各种预想不到的好处。依据这个"活动日志"，你可以清楚地了解该给自己安排什么，或者你要求的是取得什么样的成效等。

如果我们能经常把需要第一时间处理的工作视为当务之急，那么我们就不会在没有任何意义或者不重要的事情上浪费时间了。失去全盘事物的重点，容易造成核心问题的模糊不清或被忽略与遗漏。在这种情形下，工作日志可告示我们所忽略的主要事物。

彼得·德鲁克说："长期的计划不包括未来的决定，而是包括现阶段你对未来所下的决心。"

这个道理不言自明：如果我们每一天都为了美好的未来下定决心，付出行动，我们最终一定会成功。

（2）全是重点就等于没有重点。

分清事物的轻重缓急，是让人受益终身的好习惯，也是成就事业的必备素质。

豪威尔曾经是美国钢铁公司的董事，在他刚开始当董事的时候，开董事会总要花很长的时间。在会议里董事们讨论很多很多的问题，然而达成的决议却很少，结果，董事会的每一位董事都得带着一大包的报表回家去看。

后来，豪威尔说服了董事会，每次开会只讨论一个问题，然后给出结论，不耽搁、不拖延。这样所得到的决议也许需要更多的资料加以研究，也许有所作为，也许没有，可是无论如何，在讨论下一个问题之前，这个问题一定能够达成某种决议。结果非常惊人，也非常有效。

从那以后，董事们再也不必带着一大堆报表回家了，大家也不会再为没有解决的问题而忧虑了。

同时，有条不紊的做事习惯还能让人有成就感，避免工作的延迟和拖拉带来的紧张感和挫败感。

法国哲学家布莱斯·巴斯卡说："把什么放在第一位，这是人们最难懂得的。"对许多人来说，这句话是不幸言中了。他们完全不知道怎样对人生的任务和责任按重要性排队，他们以为工作本身就是成绩。但经验表明，成功与失败的分界线在于怎样分配时间。

人们往往认为，这件事先几分钟做，那件事后几分钟做没什么问题，但其实这种差别常常是很微妙的，常常要过几十年才看得出来。

亚历山大·格雷厄姆·贝尔就是个例子。贝尔在研制电话机时，另一个叫格雷的人也试图改进自己的装置。两个人同时取得突破。但贝尔在专利局赢了——比格雷早了两个小时。当然，这两个人当时是不认识的，而贝尔因为这120分钟一举成名。

我们一般人很容易有先解决手头上的事的心理。其实，即使是迫在眉睫的工作也并非一定最重要。

我们若能站在高处重新审视全部的工作，不但能清楚地找出工作的主要目标，以往许多耗时的工作安排，也能重新有一个评判。

你也许听过"二八定律"。这定律是说，在你所完成的工作里，80%的成果来自于你所付出的20%。如此说来，对所有实际的目标，这法则极为有用，它能帮助我们抓住工作与生活的重点，找到真正重要的事物，同时忽略那些不重要的事物。

我们在处理并解决问题时，应多想些重要的事。对于目标的实现而言，将更多的精力投入"应该做的事"，无疑是一条事半功倍的成功之路。歌德也曾说过："不可让重要的事被细枝末节左右。"

那些重要的事是值得你花大力气考虑和投入时间的地方，但是如果每个地方都被你打上重点符号，那你的时间管理也是失败的。

著名时间管理大师赛托斯说："重点是你的重心需要偏移的地方，重点是你需要着重强调的地方，你的工作日程不应该是一成不变的基调，它应该如同一首跌宕起伏的旋律，有高潮的紧迫感，也有平淡中的闲适感。"

（3）划分重点项目需要克服的障碍。

没弄清楚划分重点的原则。

有的决策者对本单位的具体情况还没有摸透，对强弱项还区分不清，没有预测准，就草率下决定，瞎指挥。或是名利思想作怪。有些领导想要表现自己的能力，急于在某个时机完成某些工作，他们想要通过这种方式来引起上级的注意；有的费心思搞"门面工程"，有力争项项出彩的"大满贯"的心态。

一些上级部门在给下级部署工作时，相互协调不够。

很多基层单位对上级要求不分主次，只要是领导的指示就认为一切都是重点；还有些单位领导明知重点多了不行，对上级要求也要曲意迎合，硬着头皮做。

工作时缺乏全局观念，造成"重点"过多。

古人讲："不谋全局者，不足以谋一域。"善谋全局，应该是领导干部抓工作所应具备的重要素质之一。

高明的管理者，应当像一名优秀的钢琴师，在按"乐谱"弹琴时，该重的地方要重，该轻的地方则轻，这样才能演奏出和谐流畅的乐曲。工作中抓重点也是同样的道理，我们首先要对工作了然于心，知道哪些地方需要重按，哪些地方需要轻按。这就需要在深入调查研究上下功夫，因为不调查就无法确定事情的重要与否。因为即使你知道哪些地方是重点，但不去认真落实，那一切也是白费力。

你需要理解重点的意义，把握划出事物重点的诀窍，不要把所有的事情都放在你的压力区，试着分清哪些事情是真正的关键所在，然后投入主要精力和时间，尽量做到完美。记住，不要试图把每一件事情都当重大项目来完成。人的精力是有限的，全是重点就等于没有重点，眉毛胡子一把抓，只会误了大事，事倍功半。

有一个时间管理的理论，把"轻——重"作为横坐标，把"缓——急"作为纵坐标，以此来建立一个时间管理坐标体系，把各项事务分为4类并放入这个坐标体系中：

紧急同时又是重要的：比如说处理危机、客户投诉、即将到期的任务等；

重要但是不紧急的：比如说建立人际关系、新的机会、人员培训、制订防范措施、长期工作规划等；

虽然紧急但是不重要的：比如电话、不速之客、行政检查、会议等；

既不紧急也不重要：比如客套的闲谈、无聊的信件、个人的爱好等。

（4）要决定你该做些什么事情，还要决定什么事情不应该做。

全面的时间管理除了要决定你该做些什么事情，另一个很重要的方面是决定什么事情不应该做。

因为，时间管理不是完全的掌控，而是降低变动性。时间管理最重要的功能是通过事先的规划，做一种提醒与指引。

你是否有过这样的经验，毫无目的地浏览网页或刷微博，总觉得无意义，但仍继续看下去，就连广告也全看了，直到夜深，变得身心疲劳，才抱着毛绒玩具入睡；然而，第二天事情又向着相同的方向发展了。这到底是怎么回事呢？重复做这样的事，或是几个小时，或是瞬间，但事后回想起来，感觉非常空虚。

时间的死亡——事实上就是这个时候。当我们沉迷于这些无意义的事情时，时间已经"死亡"了。要想让时间"活"起来，我们就要有原则地拒绝无意义，让生活充实起来。

自 我 提 升

高效能的管理者从不把时间和精力花在小事情上，因为小事使他们偏离主要目标和重要事项。一旦知道了自己大部分时间花在了那些无谓的小问题上，而且丝毫无助于提高他的工作效率时，他便会采取措施删去这些安排。

5. 效能的差异，取决于对空闲时间的利用

经常听到有人说："等我闲下来再做。""等我手上没什么重要事情的时候再做。"但事实上，他们是将"空"的时间与"闲"的时间混淆了。他们可以在高尔夫球场上，悠闲地挥舞着球棍，在游泳池边尽情玩乐，但就是没有"空"的时间。

著名的麦肯锡公司曾做过一个调查，清晰地向世人展示了人们空闲时间的秘密。这份抽样调查表明：美国城市居民每周平均每日工作时间为5小时1分；个人生活必需时间10小时42分；家务劳动时间2小时21分；闲暇时间6小时6分。四类活动时间分别占总时间的21%、44%、10%、25%。每一天，人们就是这样度过的。10年来，人的闲暇时间增加了69分钟，闲暇时间占到一个人生命的1/3。中国人在电视机前每天是3小时38分，打发掉自己一半的闲暇时光，而日本、美国人每天看电视的时间分别为1小时37分和2小时14分。

这个调查还显示，本科以上高学历者的终生工作时间是低学历者的3倍，平均日学习时间为50分钟，收入是低学历者收入的6倍以上。由此可见，学历越高，越重视时间的利用，越能赚取财富。

许多人都认为，人与人之间之所以有穷有富，完全是因为环境、机遇、能力及性格等方面的差异造成的。然而，正如著名的物理学家爱因斯坦所说："人的差异在于利用空闲时间。"

古今中外，凡在事业上有所成就的人，都有一个成功的诀窍：变等待为行动。他们中没有一个人喜爱清闲，贪图安逸。

澳大利亚著名生物学家亚蒂斯，不仅用他智慧的头脑和宝贵的时间，为人类成功地发现了第三种血细胞而且赋予了业余的空闲时间以生命的神奇。他十分珍惜自己有限的时间，因此他为自己定下了一个制度，睡觉之前必须读15分钟的书。不管忙碌到多晚，哪怕是清晨两三点钟，他进入卧室以后也一定要读15分钟的书才肯入睡。这个制度他整整坚持了半个世纪之久，共读了8235万字、1098本书，医学专家最终变成了文学研究家。

不少人习惯于在上下班时呆视车外流动的景色、放飞思想做白日梦或是漫无目的地随便翻阅报章杂志、收听电台广播……其实，这些做法都是对时间缺乏计划的一种表现。对于一个渴望成功的人来说，倘若这些举动都是出自惯性的，那么这一段时间里，你的收获将极为细微。但如果你是十分有计划地运用这一段时间，那么你的收获可能会变得更大些。

在车上，如果你想阅读或者书写，最好选择挂钩旁边的位置。因为，即使是车厢很混乱的时候，这个地方也很少有人移动。你在这里，自然就可以放下心来阅读或者书写。为了使一天的业务顺利进行，为了确定当天的商谈、会议、面谈等事务是否被记载在工作时间表里，你要养成每天早晨检查当天工作时间表的习惯。你每天只需耗费5分钟就足够了，这对提高你的工作效率有很大的帮助。

在车厢里面，一旦看书入了神，往往会因为坐过站而耽误时间。然而，如果一直想着下车的时间，那就没有办法集中精神阅读。明智的管理者，在车厢里阅读书籍，或者撰写稿件时，都会将手机"闹钟"定在离下车还有一分钟的时刻。这样不仅可以集中精神读书而且可以在疲倦的时候放心地小睡片刻。

享有盛名的奥林匹克科学院，经常利用晚上休息的时间举行聚会。与会者总是手捧茶杯，边饮茶，边议论，后来相继问世的许多科学创意，有不少就产生于饮茶之余。

高效率的玛尔扎特通常在他的电话机旁边放一叠阅读资料，这样每次在等对方接电话时他就可以随便翻阅。一位必须在机场花很多时间的业务员说："每次在下飞机去领行李的路上，我就停下来给我的客户打电话，等我结束通话时，行李也已经出来了。只要你用心，任何时间都不会被浪费掉的。"

众所周知，霍桑一生都在从事非常枯燥单调的工作，他在马萨诸塞州萨勒姆市海关部门工作了许多年，同时利用自己的空闲时间写出了四部小说，其中包括后来成为经典的《红字》。

实际上，在我们的生活和工作中，有不少时间是用来等待的。每个人因为等待而浪费的时间，可以说是数以万计的。

事实证明，信息化的社会里，市场竞争无孔不入，时间就是金钱，知识就是生命。为了获得更大的成功，人们势必要求不断地压缩、挤占业余的空闲时间。少年得志的搜狐总裁张朝阳说："我只是一个平凡人，我没有发现自己与别人有什么大的不同。如果说有不同，那就是我每天除了用7个小时睡觉外，其他时间都在工作。"我们可以毫不含糊地说，别人能够做到的，我们经过努力也会做到。因此，从今天起，从现在起，好好利用你的空闲时间吧！相信只要我们做到了，我们同样可以获得成功。

自 我 提 升

虽然每个人因为职业的不同、习惯的不同，业余空闲时间的多少也不同，但主要的空闲时间大同小异。通过充分利用每一分钟的空闲时间，我们每个人都可以从根本上改变自己的命运。

6. 在生活给你的多个角色里，学会平衡再平衡

在实现梦想的过程中，有很多人都痛苦地意识到自己曾忽略生活中的某些重要领域。它们发现自己曾在生活的某个领域——如游戏、体育运动或社区服务——投入了大量的时间和精力，代价却是牺牲了其他重要的领域——如健康、家庭或朋友。还有一些人意识到自己的各个角色，但却陷入各个角色之间不知所措。这些角色似乎不停地竞争、冲突以争抢它们有限的时间和精力。

我们经常听到如下感叹：

我很想供养家庭、事业有成，但公司并不认为我真想要晋升，除非我每天早来晚走、周末加班。

回家的时候，我早已筋疲力尽。我的动作太多，根本没有时间和精力来照顾家人。但家庭需要我，要修理自行车、要讲故事、要辅导做作业、要商量重要事务。如果没有与家人们在一起，圆满地生活又在哪里？

那还没有谈到我的其他角色：我想做一个好邻居，我想对社区有所帮助，我需要时间来锻炼、阅读，或有点时间独自思考。

我有那么多事情要做——而它们都很重要！我又怎能将所有的都做到？

这样的感叹里最经常提到的是工作与家庭之间的角色冲突。最痛苦是各种人际关系和个人成长方面的缺失。人们常说："我无法那么快地做事，每天应付好生活的每个重要方面。总有某些重要的事务无法完成。我干得越快，我越觉得失去平衡。"

显然，平衡是一种艺术，但是，我们应该如何培育自己生活中的平衡呢？是否简单的只要尽快做事以便每天应付生活的各个方面就可以了呢？是否还有其他有效的途径，以便更彻底地使我们的生活改观呢？

你怎样看待你要扮演的这些角色？许多西方人从小受到的教育是把他们看作生活中独立的不同"部门"。我们在学校去不同的班级，我们上各自独立的课程、各有各的课本。我们在生物学中得了A，在历史课中得了C，我们从来没有想过这两者之间有什么关系。我们把自己的工作角色看作是独立的，与家庭角色毫无关联，与其他的角色，例如个人成长或社区服务，也同样没有什么关系，结果，我们或者集中注意这个角色，或者集中于那个角色。我们在工作中的表现与我们在家庭中的所作所为没有多大关系。我们的私人生活与我们的公众生活相互分离。

举例说明一下。

鲁宾斯是一个面临大学入学考试的少年，他有7门功课要进行复习，可是这时距考试时间只有130天，他必须要在这一段时间内把7门功课都学好，否则他很难迈过进入大学的门槛。于是，他为自己制作了一个课程表。

他的数理化，成绩一直不错，所以这次复习只用45天，每门功课用15天的时间进行复习，相信基本可以了，应付考试应该游刃有余了。

最让他感到头痛的是语文和法制课了，这两门课一直以来便是他的弱项，所以这两门课成了他的主要突击对象，他为这两门课安排了60天的时间，他认为每门用30天的时间来完成复习，一定会有很大的进展。

剩下25天的时间，他打算进行体育锻炼和历史的复习，因为这两科参考对他来说也应该算是强项，所以他安排了比较短的时间。

通过这样合理地时间统筹，他很顺利地通过考试，进入了加州大学，从此开始了他在另一种环境中的学习和生活。

他不像有的人一进入大学就好像有了某种保障似的，思想开始懒散起来，而是他感觉前面有座更高的山需要他去翻越，所以要更加勤奋起来，他为了不使自己忙中出乱，顾此失彼，制作了一个很不错的学习时间表。

后半年他还有150天的时间要度过，可是真正属于学习的时间也就剩

100天了，他要在这100天里，认真听讲、努力学习、虚心求教，把属于自己的所有课程都学至优秀状态，这样才不枉费这100天的时间。

有人说了这一年365天你只介绍了230天用以学习，那其他时间该干什么呢？那么就让我来回答你，一年365天中就有104天是双休日，还有两个学期假一共是60天，鲁宾斯要迎接高考，所以占30天的假期用以复习。还有一天就是圣诞节的假期。

这样，你的一年不就安排得整齐而有序了吗？如果你的学习成绩像鲁宾斯一样好，你便可以用双休日和假日去旅游度假，去冲浪，去爬山、去冒险、去寻求刺激。你也可以利用假期发挥一下你的聪明才智和满足一下兴趣爱好，搞一个小发明，研究一个小课题，更应该体验一下劳动生活，帮助父母亲做些家务。

当父母下班回家看到桌子上摆好饭菜，他们一定会很高兴，尽管饭菜不很可口，他们都会认为你在努力，你在进步，事实也是如此。当然这也是有意义的一天。

你如果能像鲁宾斯一样把一年的时间细致地统筹起来，就会在预定的时间内完成你的人生大事。

如果我们把角色看作是生活上分离的部分，我们陷入的是时间匮乏的心态。时间是有限的，时间花在这个角色上，意味着它无法花在其他角色上。其实每个角色都是重要的。一个角色的成功并不能证明我们可以接受在其他角色上的失败。事业上的成功不能证明婚姻允许失败；社区的成功也不能证明可以不尽父母的责任。在任何角色上的成功或失败都影响其他各个角色的质量和整体生活的质量。

每周写出自己的角色能让它们刻在我们的意识中，能帮我们注意自己生活的所有重要领域。但是，这并不意味着我们要每周在每一个角色中都设定一个目标，也不意味着每周我们的角色都是同样的，或我们每周都要应付所有角色。有时我们需要在短期内把注意力集中于生活的某个方面，这可能有利于我们的人生目标，这看上去不平衡，其实是平衡的。

任何有关平衡的抉择，其关键因素是与自己内心良知深刻联系。因为我们所生活的周围世界只关心人们的作为而不管其为人如何，我们很容易变得失去平衡而不再关心自己的梦想与目标了。我们的行动根据只是紧迫与否，而不再依据我们的目标了。

事实上，生活是一个不可分割的整体，平衡是生活和健康的要素。我们生活的平衡不在于很快做事以应付生活。它是一种动态平衡，我们所要做的就是使各个角色之间协作增效。同样是带女儿去打网球，我们可以从实现个人成长目标把它看成是一项锻炼，也可以从履行父亲角色的角度把它看成是与女儿发展深厚关系。如果要视察一个工厂，还要训练一个助手；我们尽可以把与助手一起视察工厂看作是训练助手的一个途径。

自 我 提 升

我们生活的每个角色都有四个基本层面：身体层面（它要求或创造资源）、精神层面（它紧密联系于目标）、社会层面（它涉及与其他人的人际关系）、智力层面（它要求学习）。当我们回顾自己的角色时，我们既要看到实现目标的精神层面，也应注意到健康、家庭、朋友等方面的角色平衡，合理地分配自己的时间。

7. 一天24小时，你可以将其变成25个小时吗

时间可以相对地拉长：和别人相比，在24小时内，我们可以挤出时间做别人25个小时才能做的事。那么，我们如何去"拉长"时间呢？这里，我们整理了"拉长"时间的13个关键。

设立明确的目标，可以"拉长"时间

成功等于目标，时间整理的目的是让你在最短时间内实现更多你想要实现的目标；你必须把本年度4到10个目标写出来，找出一个核心目标，并依次排列重要性，然后依照你的目标设定一些详细的计划，你的关键就是依照计划进行，这样就可以"拉长"时间。

每天至少要有半小时到1小时的"不被干扰"时间

假如你能有一个小时完全不受任何人干扰，自己关在自己的房间里面，思考一些事情，或是做一些你认为最重要的事情，那么这一个小时可以抵过你一天的工作效率，甚至有时候这一小时比你三天工作的效率还要高。

要和你的价值观相吻合，不可以互相矛盾

你一定要确立你个人的价值观，假如价值观不明确，你就很难知道什么对你最重要，当你价值观不明确，时间分配一定不好。时间整理的重点不在管理时间，而在于如何分配时间。你永远没有时间做每件事，但你永远有时间做对你来说最重要的事。

每一分钟每一秒都做最有效率的事情

你必须思考一下要做好一份工作，到底哪几件事情是对你最有效率的，列下来，分配时间做好它。

要充分地授权

列出你目前生活中所有可以授权的事情，把它们写下来，然后开始找人授权，找适当的人来授权，这样效率会比较好。

做好时间日志

你花了多少时间在哪些事情上，把它们详细地记录下来，每天从刷牙开始，洗澡、早上穿衣花了多少时间，早上搭车的时间，出去拜访客户的时间，把每天花的时间一一记录下来，你会发现你做了哪些事，浪费了哪些时间。当你找到浪费时间的根源，你才有办法改变。

经验大于金钱

用你的金钱去换取别人的成功经验，一定要跟顶尖人士学习；千万要仔细选择你所接触的对象，因为这会节省你很多时间，假设与一个成功者在一起，他花了四十年时间成功，你跟10个这样的人一起，不是就能学到浓缩了四百年的经验？

做好心理建设

要把时间整理好，得先做自我心理建设。首先要有把事情做好、把时间整理好的强烈欲望。其次是要明确做好时间整理的目标是什么，进而不断实践。时间整理是一种技巧，观念与行为有一段差距，必须经常去演练，才能养成良好的习惯。最后是要下定决心持续学习，直到能运用自如。

改变对时间的态度

时间=金钱=生活，甚至时间>金钱，即时间比金钱还重要。只有把时间整理好，才能够达成自我理想，建立自我形象，进一步提升自我价值。每一个人皆拥有一天24小时，而成功的人单位时间的生产力则明显地较一般人高。每个人应把自己当成一个时间整理的门外汉，而努力不断地学习。若能每天节省2小时，一周就至少能节省10小时，一年至少节省500小时，而你的生产力就能提高25%以上。

获得成就感

引起动机的关键就是成就感。要成就一件事情，一定要以目标为导向，才能把事情做好。把握现在，专注于今天，每一分每一秒都要好好把握。时间整理得好，能让人更满足、更快乐、赚取更多的财富，自我价值亦更高。

规划与组织

保持整洁能够提升我们的自我价值、自我形象以及自我尊严。例如将桌面保持整洁、做完事立即归档、做事只经手一次等。对于没有效果或者效果不大的数据，坚决丢掉！

设定优先级

每个人每天都有非常多的事情要做，但根据"二八定律"，在日常工作中，有20%的事情可以决定80%的成果。这在上文已经说过。我们可以根据这个定律设定优先次序，将事情划分为五类：A=必须做的事情；B=应该做的事情；C=量力而为的事情；D=可以委托别人去做的事情；E=应该删除的事情。最好大部分的时间都在做A类及B类的事。忘掉过去种种，而努力于未来。

成功的关键

（1）有毅力、有耐心地持续工作，直到完成；

（2）做完工作，给自己适度的报酬与奖励；

（3）花1分钟时间规划，可节省4分钟的执行时间；

（4）有组织地复习数据系统。

自 我 提 升

对于时间的有效整理，一方面让我们摆脱了大量模式化的枯燥工作，另一方面能为我们节省出较多的自由支配时间，有助于我们进行更多清晰的、有创造性的思考，从而提高我们的学习效率和学习兴趣。

第十章
你只是看上去 "很忙"

1. 你每天努力的事情究竟有多大的意义

有时候你会觉得，你意识到了时间的重要性，你也有明确的目标，并且为之很努力了，但是还是收效甚微。

原因何在呢？你应该反思一下，你每天努力的事情究竟有多么大的意义？举个例子：

一个早上开始工作的销售员，打开客户记录，整个上午都没有打出去一个电话，按照工作安排，他应该在上午给十多个客户打回访电话的，然而整个上午他都在翻阅资料、收集信息，中间上过几次厕所，喝过几次水，和同事聊天，也打过几通电话，不过那些电话都是鸡毛蒜皮的小事，很快就到了午饭的时间，他决定把给客户打电话的工作挪到下午，即便他知道会议和制作提案已经占满了整个下午的行程。快下班的时候，他忙着整理会议记录，上交当日的工作报表，等做完这些，办公室的同事已经收拾东西准备下班了。在最后关上电脑准备离开办公室的那一刻，给客户的电话依然没有打，因为已经"没有时间"了——他要下班了，那些工作只留给明天。

如果你能有意识地把自己做的无用功降低到最少，那么，你的这一生肯定会更有意义。下面的建议不是万能的"灵丹妙药"，但可以给你"少穷忙"提供一些有益的参考：

（1）知道每件事要达到的目的再去做。

我们清楚地知道，吃饭是为了不饿，喝水是为了不渴，睡觉是为了不困，但很多时候不知道工作是为了什么。别人说做什么就做什么，别人说怎么做就怎么做，从来不去思考为什么要这么做。因为目的不明确，所以做了很多费力不讨好的事情。

一个工程施工中，师傅正在紧张地工作着，徒弟在旁边学习。这时，师傅对徒弟说："去，给我拿一个改锥来，我要……"还没等师傅说完，徒弟一溜烟就去了工具间。

师傅等了很久，徒弟才气喘吁吁地回来了，拿着一个大号的螺丝刀，说："改锥真不好找啊！"

师傅一看，生气地说："谁让你拿这么大的改锥？"徒弟很委屈，心想：我又不知道你要改锥干什么，这难道不是一把改锥吗？害得我白白跑一趟。"再去拿把小的来！我要固定这个螺丝钉！"师傅一边说，一边把小小的螺丝钉递给徒弟看。徒弟只得再跑一趟。

想想，我们的工作中是否也经常出现这样的情景：老板让你写个材料，你辛辛苦苦完成后交给他，他却告诉你，不是他想要的；同事邀你一起去参加一个会议，花了一整天的时间，你却发现这个会议跟你毫无关系。

其实，一件事有很多种做法，目的不同，做法也不相同。这个徒弟跑来跑去，做事讲究速度，却毫无效果。如果他在拿螺丝刀前，先听师傅把事情说完，或者自己主动问师傅需要多大的螺丝刀，用于做什么。那么，他就不会多跑一次了。要知道，高效率的无用功比低效率的有用功更可怕。

（2）第一次就把工作做好

你经常会碰到一些别人让你去做而你又不感兴趣的事，也经常碰到你需要去做但又没有时间或懒得去做的事情。对于这些事，你经常会先凑合地做着，遇到问题也会放一放，希望哪一天自己有了兴趣、灵感和时间的时候再去做，或者等别人发现了其中的不妥，再去修改和完善。而实际上，等你再次面对这类问题的时候，你却发现自己还是跟以前一样没有兴趣和时间，而且更是没有了开始做的心境。

做事千万不要敷衍，要么不做，要么第一次就尽量把它做好。

海峰办公室的复印机总是卡纸，老板让他找人修理一下。修理人员经过检查，发现原来是搓纸轮老化造成的。修理人员更换新的搓纸轮后，复印机可以正常运转了，但修理人员发现复印机的定影器也有点问题，问海峰是否需要更换一个新的。

海峰认为既然复印机现在已经修好了，也就没必要再动别的零件，再说自己下午还有别的事要办呢，哪有时间陪他们修这个。他心想，等有了问题再说吧！于是，就打发修理人员快走。修理人员走时，对他说："现在不换，过一两个月后你还是得换！"

一个月后，当老板复印一份重要文件的时候，发现复印机居然彻底不工作了。他大发雷霆，叫来海峰："你是怎么办事的！上个月才修了一次，现在就不能用了！上次修的时候你彻底检查了吗？"

海峰想起了上次修理人员的提醒，觉得理亏，马上打电话让修理人员过来，可对方说太远，而且连续几天的工作都安排满了，如果他着急的话，只能由他自己把机器拖过去。海峰只得灰头土脸地找出租车，找人搬机器……

第一次能解决的问题，他没有重视，非要等到问题出现了再去解决，最后不仅累了自己，还给领导留下了个"做事靠不住"的印象，海峰真是后悔不已。

或许你会说，我又不是神仙，怎么可能保证第一次就把事情做好呢？工作中怎么可能没有一点误差或差错呢？确实，人非圣贤，在工作中难免会出一些错误，有一些过失。这里说的"第一次就把事情做好"是指一种精益求精、力求完美的工作态度。一个人如果在做事前就抱着"犯点错没关系""有误差是很正常的""等有了问题再说"的态度，那么他绝对做不好一件事。

233

自 我 提 升

第一次就把事情做好也是一种智慧。无论是学习，还是工作，第一次把事情做对，代价最小，收效最大。所以，在工作中，你应该时刻这样提醒自己：能做到最好就不要做到差不多！

2. 没人喜欢你顶着黑眼圈抓狂

不停地规划和催促自己；追求完美、凡事井井有条；对信息保持敏感、经常大量阅读资讯……这些看起来很好的时间管理习惯，其实都有它的不足，甚至反而是时间管理的误区。

对人来说，并不是把工作表安排得越紧张，做事越多、越完美就是好的。

A是个大忙人，常常不停地列出做事清单、更新清单，并且记录自己每个小时工作的情况，不肯浪费任何时间。但是，这样常常搞得自己甚至周围的人都非常紧张。这让他很困惑。

"'看表式'的极端时间管理会使人们的每项活动都了无生趣——我们需要的是'掌控时间'，而不是'紧握时间'"。美国著名时间管理专家阿兰·拉金说："千万别叫我效率专家，我所关注的是'效能'!"拉金关注的是：你是否做出了正确的选择，而不是一味求快、求多。

B是个追求完美的人，会事事安排妥帖、井井有条，事情如果做得不够完美，在B眼里便很难过去。有不少人夸他这个优点，但是B说，其实这样也够累的，但是做事业不追求完美，很难会有收获。

做事讲求完美确实是优点，这体现着一个人的素质，不是所有人都能有这样的自我要求的。

但问题是：不是所有事情都值得追求完美，甚至多数事情是不值得的——"二八定律"告诉我们，多数情况下，是20%的事情决定着80%的结果。所以并不需要所有事情都十全十美。在处理那些能够产生80%价值的工作的时候，你确实应该追求完美。但是对更多并不是当前最重要的事情，则要适可而止、适时而止。人的时间和精力有限，生活也不全是工作，要把更多的时间、精力放在最重要的20%事情上。

C常常为信息不足而感到不安：比如经济、政治、社会各方面最新的信息、企业内各层级的信息、行业信息、竞争对手的信息等等。C始终对这些信息保持敏感，大量吸收信息。但是他渐渐发现，自己面对的信息实在太泛滥了，重要的、有趣的、有用没有用的，各种各样的信息早就充斥了他的大脑，反而让他没有了思考、体验的时间。

要形成经常清除不需要的信息源的习惯，在这个信息泛滥的时代，非常有价值。

比如：对于订阅的刊物、公众号或者习惯性常看的网站，干脆试一试：如果几周不看它们，自己的工作、生活有什么改变，如果你并不怀念它，这说明这只是个习惯了的阅读负担而已，那么还不如把它从信息源里去除为好。

对书籍的清理。如果是一年以上没有碰过的书，就得考虑是不是要收起来了，不要在工作的地方分散注意力，或者干脆送给可能需要的同事。

很多管理者已经人过中年，对办公自动化并不是太敏感，乃至排斥：他们认为自己对现在的工作方式已经相当熟悉了，而且很多事情有秘书帮忙处理就行了，用不着那么多技术设备，用不着熟悉一些新的软件。但事实上，许多办公上能应用的技术会替管理者省下相当多的时间。工欲善其事，必先利其器。工作时多数时间其实是在和杂事打交道，并不是时时刻刻都在做重要的决策工作，你的办公硬件、软件，如果愿意多掌握、多学习，对节省时间大有帮助。

比如：手机筛选来电、转接给助理、来电留言功能等等，这些防干扰技术能大大减少电话干扰，为自己腾出大块时间来处理事情。

学习电脑应用软件，也对提高效率、解放自己的时间大有帮助：数据库软件可以帮助你保存资料，高效地提取资料；网络在线交流技术，能减少很多需要大家聚起来开会才能讨论的事情；一些新的学习软件、硬件技术，会让很多以前望而却步的学习项目重新启动。

D接到老客户的电话，要第二天下午去谈一下采购的事情，D很高兴，也像多数人一样安排了时间——打算第二天上午和助理用两个小时准备资料。

但第二天早晨，在准备资料前，他接到了另一个客户打来的电话，抱怨以前定的一些产品还没有送到，D虽然客户很多，但哪个也不能得罪，得立刻处理。一段时间过去，助理也白白浪费了这部分时间。

终于解决了这个客户，可以准备材料了，但是D忽然想起，最近一个厂家可以提供一款新产品，用于这个客户，但是新产品的资料并不能马上发到，于是D把助理催得紧张不已，原来的资料都没准备好……

D的问题出在没有在接到任务时，用十几分钟立刻做"业务分解"。

如果当时就对任务"分解"，会发现自己准备材料并不是一件事情，而是多件，当时就该安排助理，立刻及时地给客户回电话，问清更具体的信息；

自己立刻联系需要合作的厂家，让厂家把资料和成功案例发来；

要提前告诉助理相关客户的情况，让助理提前准备，随时备用；

……

这样，即使第二天上午的时间，被其他客户临时占去一部分，仍然有足够的时间很快把准备工作出色完成。

很多人安排事情喜欢大而化之，"业务分解"是一个好习惯，虽然需要提前投入十几分钟，但相对于事后的混乱，这十来分钟的提前投入绝对是值得的。

自 我 提 升

虽然讲求效率是一件好事情，但是讲究效能的人会把注意力放在选择上来：选择最重要的事情来做，以及选择采用哪种最有效的方式来做，而不是关注做事的频率是否最快。

3. 简化问题，真正忙的人是挤得出时间的

许多人在管理时间的过程中会遇到一些障碍和问题，比如一个混乱、嘈杂、高要求的工作环境，或者一个受干扰影响的文化氛围。要想多做事情就得学会简化问题，这也是那些成功者虽然事务繁多却仍然能享受生活的原因。

由于工作能力突出，布朗在一个月前被公司的老板任命为部门经理。这一度使布朗非常兴奋，觉得自己终于可以在更高的平台上展现自己的聪明才智了。然而，在提升之后布朗却被新工作搞到晕头转向，他觉得有许多因素阻碍着他合理地分配自己的时间。他知道他所负责的新任务是具有挑战性的，但是他又不希望完全失去控制。他所在的工作环境比较混乱、嘈杂，让他无法安静地去分配时间，正常地进行工作。他经常被公司其他的同事呼来唤去，被他的老板、同级管理人员以及他自己写的报告牵扯进各种毫不相干的会议中。

布朗的脑子一直在高速运转着。他有太多的文件需要处理，他桌子上的文件一摞一摞地增加，而且每次他从文件堆里抽出一些准备处理的时

候，就会有人要求他尽快去做其他事，要不就是电话开始响起来，要不就是电子邮件突然出现在他的显示屏上，要不就是又有一个会议要开始了。

一天晚上，虽然已经下班了，但是他还一个人待在办公室里，没有其他人，没有电话，没有电子邮件，只有布朗和大量的文件。然而，布朗还是不知道该从哪里做起。最上面的文件？那摞文件可能是最重要的。最下面的文件？那一摞大概是时间最久的。布朗不禁叹息。他怎么会落到这种地步了呢？他一直是一个了不起的员工，总能有效又准时地完成各项工作，他真的是在享受工作。为什么他作为一个管理人员就失去控制了呢？怎样做才能让他搞清楚他应该把精力集中在哪里？怎样做才能使他重新掌握自己的时间？这些让布朗感到很头疼。他需要找到行之有效的解决办法。

简化问题、避免冗繁是人们提高工作效率的重要途径。

世界500强企业之一的宝洁公司，其制度具有人员精简、结构简单的特点。正是由于这样有特点的公司制度，宝洁公司成为世界最大的日用消费品公司之一，2004-2005财政年度，它实现销售额567亿美元。在《财富》杂志评选出的全球500家最大工业/服务业企业中，宝洁排名第86位。该公司全球雇员近11万人，并在80多个国家设有工厂及分公司，所经营的300多个品牌的产品畅销160多个国家和地区，其中包括织物及家居护理、美发美容、婴儿及家庭护理、健康护理、食品及饮料等。

保洁公司强烈地厌恶任何超过一页的备忘录，推行简单高效的卓越工作方法。曾任该公司总裁的哈里在谈到宝洁公司的"一页备忘录"时说："从意见中择出事实的一页报告，正是宝洁公司作决策的基础。"

哈里当总裁期间，通常会在退回一个冗长的备忘录时加上一条命令："把它简化成我所需要的东西！"如果该备忘录过于复杂，他会加上一句："我不理解复杂的情况，我只理解简单明了的。"

无论我们从事什么工作，最简单的办法就是最好的办法。苹果电脑公司前总裁约翰·斯卡利曾说过："未来属于简单思考的人。"如何在复杂的工作环境中采用最简单有效的手段和措施去解决问题？这是每一位企业管理人员和员工都必须认真思考的问题。

简化问题是我们简化工作的一个重要原则。正确地组织安排自己的工作，首先意味着准确地计算和支配自己的时间，虽然客观条件使得你一时难以做到，但是只要你尽力坚持按计划利用好自己的时间，并根据分析总结采取相应的改进措施，你就一定能够得到效率。

简化问题可以帮助我们把握工作的重点，集中精力做最重要或者最紧急的事情。在高强度的工作条件下，我们如果不能理清思路，以复杂问题简单化的思路来开展工作，有针对性地解决重点问题，最初制定的各项目标就难以实现。

在做一件事情的时候，你应该问自己这样三个问题："能不能取消它？""能不能把它与别的事情一起做？""能不能用更简单的方法完成它？"在这三个原则的指导下，你就能够把复杂的事情简单化，做事效率也就能明显提高了。

哈佛时间管理项目研究人员建议人们，简化工作可以从工作中的一些细节方面入手。例如，可以通过有效地利用办公用具达到简化工作的目的。

（1）有效地利用名片简化人际管理。

名片不仅仅是记录姓名、电话的纸片，你可以利用名片简化人际管理。当一位刚结识的人递给你一张新名片后，你应该在名片上及时地记下你们见面的时间、地点、会谈的主题和重点、由什么人介绍你们认识，以及双方约定的后续接触事项。

（2）合理地利用记事本。

在记事本中，你应该分成四项来登记：常用电话号码、待办杂事、代写的文件、待办事项。事情办完后，就可以用笔把它划掉。

如果你觉得记事本的内容比较复杂，你可以用不同颜色增进效率。比如说用红色的笔代表紧急的事情，黑色的笔代表一般的事情。总之，要用不同的颜色标出事情的优先顺序和重要程度。

（3）做好环境管理。

一个人的工作效率与他所处的工作环境有很大关系。办公环境的杂乱往往会使一个人在烦躁中度过效率低下的一天。不管你是一个高级主管，还是普通的员工，如果不注重收拾自己的办公环境，就可能在找东西上浪费很多时间。

每天下班后，你需要把目前不需要的各类书籍、文件夹、笔记和其他各种材料收到柜子里放好，为第二天继续工作做好准备。这样，第二天你才能在一个井然有序的环境中工作，心情也会很好。

想要将简化工作变成一种习惯，贵在执行。下面是哈佛大学的研究人员提出来的一系列最实用的简化工作的方法：

（1）清楚地知道工作的目标和具体要求，避免重复工作，从而减少发生错误的机会。你要知道自己应该做什么，工作的目标对你有什么样的影响？这个目标对你有什么意义？当你搞清楚这些的时候，再进行工作。

（2）主动提醒上级把工作按照优先顺序进行排列，这样可以大大减轻工作负担。

（3）当没有必要进行沟通时，不要浪费时间。当完全没有必要进行沟通时，不要浪费自己的时间和精力进行沟通，尝试让同事或者客户改变什么。

（4）专注于工作本身。在工作中，你应该专注于工作，而非各类有关绩效考核的名目。

自 我 提 升

在你开始朝着自己的目标努力工作和调整自己的日程表的时候，可能也会遇到妨碍你有效利用时间的各种障碍。记得遵循合理分配时间和管理之间的原则，不断地学习、训练、坚持以及自我认识。

4. 从现在开始，拒绝把工作带进家门

很多追求成功的人，都舍不得停下自己的脚步来放松自己。在他们看来，放松是对工作不负责任，是对时间的一种浪费。他们认为，只有永不停歇，才能早日获得成功。即使已经筋疲力尽，他们依然不愿意停止，这的确是难能可贵的，但这不是明智之举。

懂得放松和休闲，而不一味地加班，是一种难得的智慧。从效率来看，必要的放松和休闲是更快实现目标的手段。放松不是放纵，而是养精蓄锐，是为了以一种更快的速度奔跑。

基德是纽约市一家会计师事务所的职员，由于经常加班，他的生活没有丝毫规律可言。有一天早上，他手上拿着刚从纽约事务所发来的文件，有些无奈地向自己所在的会计师事务所走去。无疑，阳光照耀的假期或许已经泡汤了，接下来将会是非常忙碌的工作时刻。基德非常着急，匆忙地走着，只想赶快进入状态。这个时候，舒服地躺在摇椅上的朋友巴蒂一眼瞧见了慌乱疾走的他，就喊道："嘿，你赶往哪里呀？周末是休息的时间，你应该放松自己，享受美好的假日，而不该还是如此急躁不安。来！

坐坐摇椅，咱们一起享受一下伟大的艺术吧！"

"什么？什么伟大的艺术？那什么意思？"基德放慢了脚步，压低声音问。

"其实没什么，"巴蒂安详无事地回答，"只是想与你共享一种正在消失中的艺术！如今大多数的人都已忘了它是什么了。"

"我闲坐此处，让温情的阳光抚慰自己的身心，一丝丝地渗透我的灵魂深处，请问你曾想过'太阳'吗？"他笑道。

接着，他继续说道："太阳悄悄地照耀着大地，是那样暖和，只是无声无息地亲吻着大地，它既不按电铃，也不打电话。我们想想，它一小时的工作量，就远远超过你我一生的工作，太阳实在是太伟大了！在太阳的照耀下，大地一片欣欣向荣。干旱的时候，会有甘霖滋润大地，使人间充满生机与和平。"

"我发现太阳给我巨大的影响，每当沉醉于日光浴中，太阳就会慢慢渗透到我的身体的每一部分，抚平、安定一切，并施予无穷的能量，所以我没有理由不爱日光浴——老兄，把那文件的事先丢在一边，晚一会儿再去处理，在我身旁坐一下吧。"于是基德坐下了，让温馨的太阳的光辉洒满全身。而后他回到房间再开始处理那些文件，出乎意料的是，他的效率变得很高，很快就完成它们。

放松和休闲可以让你暂时从工作中抽身出来，以局外人的身份审视你的工作。放松可以让你换一个角度思考，解开工作中遇到的难题。

放松和休闲可以提高你的工作效率，可以使你在更短的时间内完成工作，从而减少加班的次数，甚至避免加班。

总之，你要做的就是不让工作占据你的全部生活，不要让工作占据你的休闲时间。要做到这些，就需要掌握一定的原则和方法。

下面是我们提供的一些建议：

（1）不要把工作带回家。

不把工作带回家，看似简单，但是对于现代人来说似乎越来越难。在这个时代里，加班往往成为必需，把工作带回家也变成了一种流行趋势。不过，在你跟随潮流的同时，你没有发现自己的损失吗？是的，你很努力地工作，你想让妻儿老小过上好日子，可是，在你一味地忙着工作的同时，你已经把自己所有的时间都投入进去了，甚至是那本来就不多的家庭生活的时间。这难道不是一种得不偿失吗？

生活是生活，家是家。在家里，我们要的是家庭的生活，要的是天伦之乐。家庭的屋檐下，其实不应该有工作的空间。从现在开始，拒绝把工作带进家门。

（2）在家不考虑工作。

工作就是工作，休息就是休息，这两个概念是绝不能混在一起的，如果你总是把它们混在一起，那么结果只能是工作没有效果，同时身心皆疲惫。现代社会，适应快速发展的科技步伐的同时，建议你把工作和休息分开，把回家作为这一分界点，千万不要身躯在家里，大脑还在办公室。

（3）保持自己的业余爱好。

根据哈佛大学的调查，美国的工作狂在最近十年增加了五成。人的身体和心灵都是有一定的接受限度的，只有丰富多彩的生活才能让我们远离崩溃。适当的业余爱好并不是什么不务正业，它可以调整我们的工作状态和生活状态。因为工作而牺牲自己的全部业余爱好，实在不是聪明人该有的决定。

有健康的生活，适当的业余爱好，我们才能高效率地工作，两者是息息相关的，所以不要放弃自己的业余爱好。

　　每一个人都应该正确地对待工作和生活，正确地对待加班和休闲，而不要让工作完全占据你的生活。请记住，工作永远成为不了生活的全部，它可能只是我们的一项普通的兴趣，也有可能只是我们生存的手段。它永远代替不了生活，永远不是生活的主角。

5. 请提高你的"睡商"

　　研究报告显示："睡眠不足会严重影响与记忆形成有关的神经和行为能力。因此，在学习之前睡觉可能对大脑在第二天形成记忆很有帮助。"在人们的睡眠日益减少的当今社会，这样的发现增加了人们的担忧。为了减少这种隐患，人们应该正确地对待睡眠，提高自己的睡眠质量，减少熬夜。

　　维多利亚是丹佛一家公司的客户经理。她几乎每天都疲于奔命，忙得四脚朝天。为了完成工作，她常常加班，有时候还不得不熬夜。

　　有一次，她的朋友见维多利亚忙碌的样子，便问她为什么总那么忙。她满脸无奈地说："亲爱的，我告诉你今天上午发生的几件事情吧。我今天上午刚进公司，就有几个人来找我汇报工作。首先是公司的前台告诉我，早上有客户打电话抱怨等了很久也没收到电子邮件。我立即去查自己的邮箱，发现信件占用的空间太大被退了回来。于是，我赶紧把邮件分批发送出去。之后，项目执行部的同事来跟我说，客户反映活动场地布置不符合他们的要求，问我是什么原因。结果我只能跟客户解释并马上做出补救的安排。随后策划部同事又来找我，说明天是我交一个提案的最后日期了，但是我还没准备好资料，我今天晚上必须熬夜去完成那个提案……"

紧张忙碌的工作让维多利亚觉得自己的生活规律都打乱了。她不能很好地安排自己的睡眠时间，因为她不知道什么时候又要熬夜忙工作。后来，维多利亚的睡眠和工作都出现了问题。

白天工作时，生怕事情办不好，总是放心不下，肌肉紧绷，搞得精疲力竭；晚上回家了，却仍不断地打电话联络事情；夜里，终于可以好好休息了，她却不断地思考，脑子不断地想起今天的事，又盘算着明天的事，辗转反侧间，她时睡时醒，其睡眠质量自然可想而知。

（1）正确对待熬夜。

现代社会，人们的生活节奏越来越快，几乎所有的人都熬过夜。人们不得不面对熬夜这个问题。间断性的熬夜有时会使某些类型的人获得意想不到的效果：熬夜后，一般会感到很累，所以睡觉会睡得特别香、特别沉，就会休息得特别好；熬夜还可以使人集中较长时间的精力，专攻一项难度较大的工作。

不过科学证明，晚上11点到次日凌晨2点之间是最佳睡眠时间，因为这个时间段内人体温度很低，所以睡觉一般不要超过12点，最好在11点左右就入睡，否则身体就可能受到不良影响，如荷尔蒙紊乱、头晕等。因此重要的工作应该尽量安排在10点半之前，那时的效率比较高，并且间隔一个小时左右就要起来走动走动或者做些深呼吸等活动，以利于分散注意力，保证工作持续高效。而在必须熬夜的前提下，我们就一定要学会自我保护。我们大家都很清楚熬夜的危害，我们应该将这种有悖于生物钟的行为尽量控制在最短的时间内。正如灾难来临时，我们所能做的首先就是将损失控制在最小范围之内。这里所说的自我保护主要指：一不能太晚，二要迅速进行有效补救。

不睡得太晚才能让自己的身体更易于调整过来，使身体的机能不至于过度紊乱。另外，有效的补救是熬夜之后必须做的功课。熬夜会严重影响视力，应该多吃一些富含维生素A的食物，如鳗鱼、胡萝卜、韭菜等，以及瘦肉、鱼肉、猪肝等维生素B含量高的食品。另外，还要适当补充一些热量，多吃一些蔬菜、水果及富含蛋白质的食物来补充消耗的体力，但补充也要注意适度。专家指出，干果类食品对恢复体能也有特殊的功效，如花生米、腰果、核桃、杏仁等，因为它们富含维生素B、维生素E、蛋白质、钙和铁等矿物质以及植物油，并且胆固醇含量比较低。

除了在饮食上要留意外，经常熬夜的人还要加强身体锻炼。熬夜时如果感到昏昏欲睡或者精力不足的话，你便应该停下手头的事活动一下或者到户外散散步。由于熬夜占用了正常的睡眠时间，所以一定要见缝插针地补充睡眠。在上下班的车上闭目养神一会儿，中午吃完饭小睡一会儿等，这些都可以使精神振作，起到恢复体力的作用。

（2）掌握快速入睡的方法。

现代人面临巨大的压力，在失眠这种常见病面前，多数人都束手无策，他们不得不求助于药物，可是，药物只能起到一时的缓解作用，要想最终根治，还是需要在生活习惯上下功夫。

现在各种媒体中流传的治疗失眠的方法有很多，诸如饮食调节法、自我放松训练法、音乐疗法等。不过，最简单易行、最有效的方法有以下几种，如果你也经常遭受失眠的困扰，那么建议你试一试：

临睡前用热水洗脚或用手由里向外搓脚心90至100下以加速血液循环和疏通经络，可使你早入睡。

睡觉前，用手抚弄耳垂，耳垂受到按摩时，心跳减慢，达到松弛效果，帮助你入睡。

睡前，盘双腿坐在床上，同时保持均匀呼吸，不一会儿睡意即至。

睡前将一汤勺醋倒入冷开水中搅匀喝下，可快速入睡，且第二天精力充沛。另外，睡前喝一杯牛奶也能有好的效果。

现代社会，科技发展越来越迅速，我们每一个人都在承受着前所未有的压力，在压力面前，我们更要学会控制自己的睡眠，不断调节睡眠。

为了改善睡眠质量，可以注意以下几点：

（1）卧室要保持安静，空气要清洁，室温要适宜；

（2）白天睡眠时，保证卧室内无光、安静；

（3）床铺要舒适，被褥要清洁，厚薄要适当；

（4）建立起有规律的生活习惯，按时上床休息；

（5）入睡前不要吃得过饱；

（6）不要吃过多的辛辣、刺激性的食物；

（7）晚上不要喝茶、咖啡等容易让人兴奋的饮料；

（8）睡前用热水洗脚；

（9）睡前不要思考问题，不要去想一些难办的事情，不要阅读或观看过于精彩、令人兴奋的小说、电影、电视。

自 我 提 升

睡眠好并不一定能让一个人多赚钱，但睡眠不好，却有可能让人因为判断出错而少赚钱；如果说情商高的人会更容易成功，那么睡商高的人则更容易感到满足和幸福。

6. 成功不分年纪，保持一颗年轻的心

生命的起点只有一次，人生的起点却可以随时开始。

这个世界上不会有人一生都毫无转机。穷人可能会飞黄腾达变为富人，富人也可能会因为生意破产而沦落为穷人。成功或失败，光荣或耻辱，所有的改变都会在一瞬间发生。

他碌碌无为地过了几十年，整日花天酒地，游手好闲，手里有了钱就出去鬼混。没有正当的工作不说，连正常的温饱都无法满足，妻子苦口婆心地劝着，儿子又即将上小学，一家人的未来实在堪忧。他却丝毫不在意，仍然不务正业，每天拿着家里开杂货铺赚的钱出去混。

他明明知道这样做不好，却仍要继续错下去。是不敢面对生活，怕自己的能力无法给家庭带来一丝慰藉？还是觉得日子已经糟得一塌糊涂，即便是再努力也无法改变？他不知道，也不愿多想。只是知道这种混沌的日子该有终点了，却迟迟不敢迈出第一步。

一天，当他喝得醉醺醺到家的时候，忽然觉得肚子很疼。开始并没有在意，可越来越难以忍受，肠子仿佛打成了结，拧着劲地疼。妻子慌了，大半夜地披上衣服把他背了出去，放到了自家的小三轮车上，冒着大雨把他送到了医院。

经过长时间的折腾，他浑噩的头脑清明了许多。他躺在病床上，接受着医生们的检查。过了很久之后，医生一个个地走出急诊室，他忽然听到外面传来妻子低低的哭泣声，以及有人提到"癌症"两个字，他心里霎时一片冰冷。真的就要这样死了吗？这样天天胡闹的生活，终于得到了报应吗？可惜了妻子，年纪轻轻就嫁给了自己，没过上一天好日子不说，连维

持生计的钱都让他花了。儿子还那么小，没有父亲的将来会怎么样呢？他默默地流着眼泪，心中既懊悔又自责。

当人们看到生命终点的时候，才会从浑噩中惊醒，才会为曾浪费过的生命感到惋惜。他从那天开始像是变了一个人，再也不出去鬼混了，而是天天留在家里。每天清晨为家人做早餐，送儿子上幼儿园之后又去杂货铺帮妻子的忙。有时候一家三口边看电视边聊天，气氛与先前完全不同。

那段时间是美好的，妻子的脸上每天都洋溢着笑容，儿子回家就前后跟着他。他在感受到幸福的同时，也不由得担忧起来：从那天开始已经过了两个多月，自己在这个世界的日子还剩下多少呢？

妻子看到他眉头紧锁，疑惑地问他："你有心事？"

他犹豫了许久，终是把心里话说了出来："我还能活多久？"

妻子听完一愣，显然不知道他在说什么。

他叹了口气又说："别瞒我了，我不是得了癌症吗？上次去医院，医生不是和你说过了吗？"

妻子听完想了半天，忽然笑了："哪有的事，那天医生说的是另一个病人。"

他有些懵了，脑袋里乱糟糟的一团，按住妻子的肩膀急切地问道："你说的是真的？那你当天为什么哭？"

妻子没好气地白了他一眼，眼圈有些通红："不管你先前怎么样，你终是我的丈夫，还好你那天只是吃坏了肚子，否则我们娘俩可怎么办呢！"

几个月来，一直压在他心上的石头终于落了地，他紧紧地把妻子抱在怀里，苦涩的泪水在心底蔓延……

过了不久，他找到一个工作，重新开始了新的生活，一家人其乐融融，日子也过得越来越好。

人生就是不断开始的过程，随时都可以看到生命中的风景，随时都可以改变未来的生活。今天的结束只属于今天，明天又有新的开始。只要有一颗追求卓越的心，只要让思想永远与时俱进，就一定可以重新开始崭新的人生。

桑德斯上校是美国肯德基的创始人，而在他创业的历程中，他也是用明朗的笑声和平和的态度迎接机会，并且取得成功的。当桑德斯65岁退休后，经济状况一度极为糟糕，除了一张105美元的救济金支票外，他可以说是一无所有。这个时候，他意识到如果不尽快找到出路，生活就是等待死亡，于是他开始思考自己能够挖掘的资源。突然，他想到了一份母亲留下的炸鸡秘方。他开始一家一家地询问餐馆，希望能够以秘方入股，分取一定的报酬。然而，很多人都拒绝了他，有的甚至当面嘲笑他。

面对打击和嘲弄，桑德斯上校丝毫没有气馁，他一边修正着自己的说辞，一边用心找出能把炸鸡做得更美味的方法，以便有机会说服下一家餐馆。终于，在两年时间里，被整整拒绝了1009次之后，桑德斯的提议被一家餐馆老板接受了。

多年过去了，这个始终微笑的老爷爷所创建的肯德基，已成为世界著名的快餐连锁企业，不断收获着财富和荣誉。

可见，过去的荣辱与成败都不会改变全新的今天，更不会牵绊住前进的心灵。握紧从内心深处升起的那份对卓越的渴望，随时开始新的一天，争取更辉煌的进步，必然能达到成功的巅峰。

自 我 提 升

一切终究都要过去，人生随时可以开始。昨天失败了，不要紧，今天可以忘了它；昨天成功了，也无须太过安逸，毕竟今天还有今天要做的事情。把心安顿好，让它与灵魂一并前行，从每一个不会重复的今天开始，改变未来的人生。

7. 秩序是效率的第一法则

在华盛顿的国会图书馆的天花板上写着著名诗人波鲁的一句话：秩序是效率的第一条法则。

在日常的生活和工作中，我们会养成各种各样的习惯。有些习惯可能不好，但不会造成什么严重的后果。而有些则是我们为获取幸福与成功的最大阻碍。我们应该坚决改正它，将它摒弃，不然这些恶习将会对我们的生活产生恶劣的影响。我们要培养各种良好的习惯，这会让我们终生受益。

首先要保持桌面的干净，拿走不用的纸张，只留下与正要处理的问题有关的东西。

这个习惯会让你更容易、更快捷地处理工作，同时它能使你工作起来有头绪。新泽西州的一位报纸发行人说，有一天秘书帮他清理了一下办公桌，结果发现了一台找了好久都没有找到的订书器。如果办公桌上堆满了东西，很容易让人产生混乱和无所适从的感觉。更糟糕的是，这会让你觉得自己还有很多事情要做，而且永远也做不完。长时间受这种情绪影响，会使你忧虑得患胃溃疡、高血压、心脏病。

芝加哥西北铁路公司的董事长罗德·威姆斯认为，提高效率的第一步就是把桌子上堆积如山的文件仔细清理一下，留下亟待处理的一件事情。这样工作起来更容易，也更方便。

宾夕法尼亚州立大学医学院的药剂研究室主任约翰·斯托顿教授发表过一份论文《机能性神经衰弱引起的心理并发症》。在这篇论文中列举了十一条容易诱发心理疾病的情形，其中第一项就是："一种被强迫的感觉，没完没了的待办事项"。把桌面清理干净这么简单的事情，真的能避免这种现象的发生吗？著名的精神病治疗专家威蒙·德萨尔曾经做过这方面的临床实践，并取得了满意的效果。

芝加哥一家公司的高级主管山姆·布朗每天埋头在办公室里，处理着好像没完没了的工作。他第一次到德萨尔诊所的时候，已处在精神崩溃的边缘，他的脸上写满了焦虑、紧张。他告诉医生，在他的办公室里有三张大写字台，上面堆满了东西，他每天都把全部的精力投入到工作，可工作似乎永远都干不完。在与德萨尔仔细地交谈以后，他回到办公室的第一件事就是清理办公桌，最后只留一张写字台，当天的事当天必须处理完毕。从此，他再也感觉不到没完没了的工作的压力了，工作的效率也提高了，身体也逐渐恢复了健康。

其次，根据事情的轻重缓急来安排工作顺序。

亨利·杜拉提是全美最大的市政公司的创始人，其分公司遍及全美各地。他说，不管他出多么高的工资，也找不到一个具有两种能力的人。这两种能力就是：有头脑能思考和能分清事情的轻重缓急。

默默无闻的查理·卢西曼经过十二年的努力，成了家喻户晓的派登公司的总经理，年收入过百万。在分析自己成功的原因时，他认为自己具备了杜拉提所说的那两种能力。卢西曼从他的记忆所能想起的时候起，就每天清晨五点钟起床，此时是每天头脑最清楚的时候，这个时候他开始计划当天要做的事，并把当天的工作都按重要程度安排好。

美国最成功的保险代理人加理森·贝特，每天还不到五点钟，就已经把工作安排好了。他每天都给自己定下要卖的保险的数额，如果今天完不成，差额就累加到第二天，依次类推。

在每天的工作中，有些人做起事来有条不紊，工作效率很高；而有些人却忙得晕头转向，工作效率很低。究其原因，并不是他的工作量比别人大，而是他不知道自己到底有多少工作，该先做什么。因此，要提高效率，就要先安排好工作的秩序。

自我提升

长期的工作经验告诉我们，没有人能始终按照事情的轻重程度去办事。但经验表明，按部就班地做事，总比想到什么就做什么要好得多。